中华美好生活经典

山家清供

张戬——主编

[宋] 林洪——著

宋擎擎——译注

北京时代华文书局

图书在版编目（CIP）数据

山家清供 /（宋）林洪著；宋擎擎译注 . -- 北京 : 北京时代华文书局 , 2024.10
（中华美好生活经典 / 张戬主编）
ISBN 978-7-5699-3503-5

Ⅰ .①山… Ⅱ .①林…②宋… Ⅲ .①烹饪—中国—南宋②菜谱—中国—南宋 Ⅳ .① TS972.117

中国版本图书馆 CIP 数据核字 (2020) 第 009128 号

SHANJIA QINGGONG

出 版 人：陈 涛
策划编辑：陈冬梅
责任编辑：周海燕
执行编辑：崔志鹏
责任校对：李一之
封面设计：甘信宇
版式设计：迟 稳
责任印制：刘 银 訾 敬

出版发行：北京时代华文书局 http://www.bjsdsj.com.cn
　　　　　北京市东城区安定门外大街 138 号皇城国际大厦 A 座 8 层
　　　　　邮编：100011　电话：010-64263661　64261528

印　　刷：河北环京美印刷有限公司
开　　本：880 mm×1230 mm　1/32　　　成品尺寸：145 mm×210 mm
印　　张：5　　　　　　　　　　　　　　字　　数：110 千字
版　　次：2024 年 10 月第 1 版　　　　　印　　次：2024 年 10 月第 1 次印刷
定　　价：42.00 元

清 — 任伯年 — 《花鸟册页》

清 — 任伯年 — 《花鸟册页》

清 — 任伯年 — 《花鸟册页》

清 — 任伯年 — 《荷花鸳鸯图》

清 — 任伯年 — 《母子平安图》

清 — 任伯年 — 《桃花双鸡》

清 — 任伯年 — 《三羊开泰》

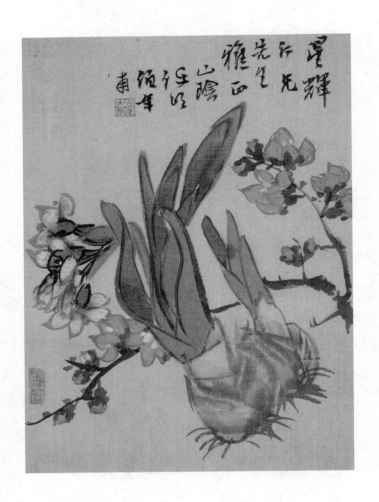

清 — 任伯年 — 《花鸟册页》

清 — 任伯年 — 《花鸟册页》

清 — 任伯年 — 《花鸟册页》

目录

下　卷

前言

　　《山家清供》作者林洪，字龙发，号可山，南宋晋江安仁乡永宁里可山（今福建省石狮市蚶江镇古山村）人。林洪生活在南宋中后期，曾为宋高宗绍兴年间进士。他善诗文书画，著有《西湖衣钵集》《文房图赞》等。林洪青年时曾在江浙一带游历、学习，与当时的士林人物交游密切。林洪曾自称是北宋以"梅妻鹤子"誉名的林逋的七世孙。在《山家清事》中，林洪写道："先太祖瓒，在唐以孝旌。七世祖逋寓孤山，国朝谥和靖先生。"在本书《山家清供》"寒具"条目中林洪也以"吾翁"称呼林逋。人们普遍认为林逋既然以梅花为妻、仙鹤为子，自然不可能有后人。有人认为林洪攀附名家，以名人后裔来抬高自己。在清代施鸿保《闽杂记》中有《林和靖有子》一文，记载清嘉庆二十五年（1820）林则徐任浙江杭嘉湖道时，曾主持修葺孤山林和靖墓、放鹤亭、巢居阁等古迹，发现一块石碑中记载了林和靖确有后裔。文中还引用了林洪同时代的诗人宋伯仁的诗歌《读林可山西湖衣钵》佐证："梅花花下月黄昏，独自行歌掩竹门。只道梅花全属我，不知和靖有仍孙。"因此林洪所言并不是毫无根据。况且林洪本人清高、雅正，并非趋炎附势之辈，强认祖宗之事大约也不齿为之。虽然此疑案并无定论，但并不减少林洪所著《山家清供》的价值和光芒。

　　《山家清供》上下两卷共收录了104道宋代的食物，其中有饭、面、饼、汤、粥、羹、菜肴、糕、点心等，品类极其丰富。文中所选食物顾名思义都是山居待客的简净蔬食，清雅怡人。作者详细介绍了食物的选材、制作过程以及食物的独特风味，《山家清供》是我们今天了解宋代饮食的一部宝典。文中介绍的很多菜肴都非常别致清雅，并有大量的用花果制作的饮食，例如蟠桃饭、梅花汤饼、百合面、梅粥、荼蘼粥、樱桃煎等，让今人能一窥宋代的精美饮食文化。

除了食材和烹饪方法之外，《山家清供》还介绍了食物的效用与寒热之性，多次引述古代中药书籍对食物的记载，具有很好的养生指导作用，例如开篇的"青精饭"。林洪将此置于首位，既是为了强调五谷之重，也因为"久服延年益颜"。文中还介绍了很多适宜养生的饮食，如除妄念烦恼的蓝田玉、益血气的百合面、补益精气的黄精果、清心明目的紫英菊、驱寒的通神饼等，都具有很好的食疗价值。

在饮食之外，同样令人记忆深刻的还有书中的文人之情。林洪在谈论饮食之后，乘兴旁征博引，诗词歌赋和名人典故随手拈来，让人读来兴趣盎然。在作者对诗歌典故的理解和评述中，其清正、坦诚之心跃然而出。例如"青精饭"条目中，谈及诗人李白和杜甫："每读杜诗，既曰：'岂无青精饭，令我颜色好。'又曰：'李侯金闺彦，脱身事幽讨。'当时才名如杜李，可谓切于爱君忧国矣。天乃不使之壮年以行其志，而使之俱有青精、瑶草之思，惜哉！"

《山家清供》在历史上源远流长，被收入《说郛》《夷门广牍》《小石山房丛书》等。本次整理以景明刻本《夷门广牍》的《山家清供》本为底本，参考清同治十三年（1874）虞山顾氏《小石山房丛书》刻本和1917年上海涵芬楼《说郛》

刻本。在一些有疑问处则检索引文原出处及各家文献进行他校。

1.底本中明显有误之处，予以径改，出注说明校改根据。疑似有误而无法下定论之处，原文不予改动，但在注释中说明。

2.全书采用简体字，缺字用"□"标示。异体字一律改为简体正字，不出注。通假字、避讳字、古今字的古字，在原文中保留，在注释中指明对应的被通假字、被避讳字、分化字。通假字注释术语为"通"，古今字注释术语为"同"。

3.全书用现代汉语标点符号进行标点。原文中引用其他古籍的语句，如非精确引用，以不加引号的方式处理。

4.疑难字词在文中首次出现时加以注释。难字、僻字、异读字，在注释中标汉语拼音。

5.一些中医学术语含义复杂，无法今译为精确简洁的现代汉语，因此在译文中保留原术语不译，仅在注释中加以说明。

点校译注中的不当之处，敬请各界方家批评指正。

上 卷

青精饭

本书把青精饭列在首位，是因为重视谷物。根据古代中药书籍记载："南烛木，现称黑饭草，又叫旱莲草。"这说的就是青精。采摘其枝叶，捶捣出汁液，在其中浸入上好的白粳米，数量不拘多少，静候一两个时辰之后蒸成饭，然后曝晒干，等米粒干硬并呈现碧绿色后，储藏起来。等要食用的时候，先用量器称适量的米倒入煮开的水中，水再一开饭就熟了。煮米的水不能太多，也不能太少。经常食用青精饭能延年益寿、改善气色。修道秘方中记载有"青精石饭"一方，世人大都不知道"石"是什么东西。根据古代中药书籍记载："取青石脂三斤、青粱米一斗，用水浸泡三天之后捶捣成李子大小的药丸，每次用白水送服一到两丸，就不饿了。"由此可知，"青精石饭"中的"石"就是"石脂"这一味药。这两种做法都有依据。如果是山居待客，就应该用前面说的方法。如果要效仿张良修辟谷之术，应该用后面介绍的方法。杜甫曾写道："岂无青精饭，令我颜色好。"又写道："李侯金闺彦，脱身事幽讨。"在那个时代，如杜甫、李白那样有才华名气的，可谓真正的爱国忧民之人。上天竟不让他们在年富力强之时实现志向，而让他们有了寻找青精、瑶草这样修道归隐的想法，真是可惜呀。

碧涧羹

芹，就是楚葵，又名水英。芹有荻芹、赤芹两种。荻芹的根，赤芹的叶和茎，都能食用。每年二三月份，做羹汤的时候采来鲜芹，将其洗干净，放入滚水中焯一下就取出来，加入醋、研磨好的芝麻和一点儿盐，与茴香一起浸渍，可以做成酸菜。用水芹做成的菜羹，味道既清新又馨香，食之似乎让人置身于碧绿的山涧之中。因此杜甫有"香芹碧涧羹"的名句。有人问：水芹只是一种微不足道的水草，杜甫为什么喜欢它并且将其写在诗歌中吟诵推崇呢？提出这个疑问的人并不知道平民百姓有多么珍视水芹，他们还想把它拿去献给君主呢！

苜蓿盘

唐代开元年间，东宫太子身边的官吏生活很清苦。担任左庶子的薛令之写了一首诗抒发自己的感慨。"朝日上团团，照见先生盘。盘中何所有？苜蓿长阑干。饭涩匙难滑，羹稀箸易宽。以此谋朝夕，何由保岁寒？"恰好唐玄宗来到东宫，看到此诗，于是在旁边题诗道："若嫌松桂寒，任逐桑榆暖。"薛令之看到后，非常害怕，连忙辞官祈求回乡。以前我每次读这首诗，都不知道苜蓿是什么东西。有一次偶然和宋雪岩一起拜访郑钥，看到他种了苜蓿，就从他那里得到了种子和烹饪之法。苜蓿的叶子紫绿色中带一点灰色，能生长到一丈多长。把枝叶采摘下来用滚水焯过，之后放入油炒，根据自己的口味适量放入姜和盐，或做成汤羹吃，都别具风味。苜蓿的味道并不差，为什么薛令之这么讨厌呢？太子身边的官员，都应该是当时最优秀的人才，而唐朝当时诸多具有贤能、极富文才的人才，都被朝廷贬职。薛令之诗歌中所寄托的感慨恐怕不仅仅针对这一盘苜蓿。如薛令之这样被选拔为太子身边官吏的人，都生出了怀才不遇、不被重视的感叹，皇上得知却嘲讽他让其离去。哎，真是太薄情了。

考亭蒪

朱熹先生每次喝了酒以后，都会吃一些蒪菜。蒪菜，有一种生于盱江，在建阳生长的蒪菜是盱江品种的一个分支。还有一种生在严滩的石上。朱熹先生所食用的蒪菜，大概是建阳那边产的。他的文集中有一首诗歌《蒪》可以佐证。黄庭坚的孙子黄崿在沙地上种植蒪菜，食用蒪菜的嫩苗，并说：生长在河边沙地的蒪菜特别好吃。

太守羹

南朝梁大臣蔡撙担任吴兴太守时，为官清正廉洁，绝不滋扰百姓。他在房前种了一些白苋、紫茄，以此作为日常的菜食。世上那些沉溺于享受美酒佳肴而懈怠工作的人，看到蔡撙的行为怎能不感到羞愧！不过紫茄和白苋性都微寒，做菜的时候一定要加点刚采拔的鲜姜才好。

冰壶珍

宋太宗问大臣苏易简："那些可以称得上珍贵的食物中，哪个是最珍奇的？"苏易简回答道："没有固定的风味，适合自己口味的就是最珍贵的。微臣以为腌菜的汤汁最美味。"太宗笑着问缘故。苏易简说："一天晚上特别冷，微臣坐在火炉旁边温酒，畅快饮酒而大醉，盖上厚被子睡着了。忽然醒来，口渴至极，乘着月光走到庭院中，看到残雪覆盖的腌菜缸。来不及叫侍童，捧起雪来洗了洗手，满满喝了好几杯腌菜汤。微臣那时想：即使天界的仙厨，用凤凰做的珍馐，恐怕也比不上这腌菜汤汁吧。好多次想写一篇《冰壶先生传》，以此来记录这件事情，却一直没有空闲的时间。"太宗皇帝听了，笑着点头赞许。后来有人询问这种腌菜汤汁的做法，我回答说："取清澈的面菜汤，把菜蔬浸渍在里面发酵，腌出的汤汁就是治酒醉后口渴的一味好药。如果有人觉得不是这样，那就请去问'冰壶先生'吧。"

蓝田玉

《汉书·地理志》记载：蓝田山出产美玉。北魏时期有个官员李预时常羡慕古人服食玉粉以求长生不老之法，于是前往蓝田，果然寻得了美玉七十块，将其制成玉粉服用，但在服用的同时并没有戒除酒色。有一次他突然生病了，病得越来越厉害，他对妻子说："服食玉粉，一定要隔绝闹市住在山林中，摒弃各种嗜好和欲望，才会有很好的效果。然而我美酒女色都没杜绝，以致即将害死自己，并不是服玉的过错。"总之，长生不老之法主要在于保持清心寡欲的状态，这样即使不服用玉粉，也是可以的。现在有一个方法：用瓠瓜一两个，削皮之后切成二寸见方的小块，蒸烂后蘸酱食用。不需要炼丹煮药，只要去除一切烦恼和妄想，时间长了自己就会感到神清气爽。这个办法比起前面所说的服用玉粉之法，稍好一些吧。因此把这个菜叫作"法制蓝田玉"。

豆粥

东汉光武帝刘秀在芜蒌亭时，在饥寒交迫间吃到了冯异奉上的豆粥，过了很久，都想着要回报他。在山中居住的人怎么能没有这豆粥呢？先用沙罐把红豆煮烂，然后等米粥稍微沸腾时，把煮烂的红豆放进去一起煮，米熟了就可以食用了。苏东坡《豆粥》一诗说："岂知江头千顷雪，茅檐出没晨烟孤。地碓春粳光似玉，沙锅煮豆软如酥。老我此身无着处，卖书来问东家住。卧听鸡鸣粥熟时，蓬头曳杖君家去。"这就是豆粥的做法了。至于石崇在金谷园中聚会众贤，只是吆喝着端出豆粥向客人夸耀自己的厨房无所不能罢了，哪里比得上在山中居所和友人悠闲地清谈来等候豆粥煮熟呢！

蟠桃饭

采来山桃，用淘米水煮熟后取出放入清水中。去掉核，等煮米水沸腾的时候，把桃放入米中煮一会儿，就像焖米饭一样的做法。苏东坡把石曼卿海州种桃的故事写在诗中："戏将桃核裹红泥，石间散掷如风雨。坐令空山作锦绣，绮天照海光无数。"诗中说的是种桃树的办法。桃树种下出苗后三年可以结果，李树需要四年，如果依照这个方法，三年以后，结出的桃子都可以拿来做蟠桃饭吃了。

寒具

晋代的桓玄喜欢把书画陈设在房内。有一位客人吃了寒具这种食物以后没洗手就去翻看书籍，不小心把书弄脏了。后来，桓玄就不招待客人吃寒具了。以此看来，寒具一定是用油、蜜制成的。《齐民要术》和《食经》中只有"环饼"这一词，世人猜测寒具可能是馓子，也有人说是七夕节吃的酥蜜食。杜甫在农历十月一日时，写了"粔籹作人情"这样的诗句，《太平广记》认为此诗句和寒食节相关。这三种说法都令人怀疑。再查证朱熹所注的《楚辞》中有"粔籹蜜饵，有怅惶些"一句，朱熹在其下注释：用米面煎熬做成，就是寒具。因此知道《楚辞》这一句诗中，说到了三种食物：粔籹是用蜜和面做得比较干的食品，常于十月时节制作，是一种饼；蜜饵是用蜜和面做得比较湿润的食品，是七夕节食用的甜食；怅惶则就是寒食节食用的寒具，这确定无疑了。福建有一习俗，到婿家做客，或招呼客人，皆用寒具。糯米粉和面，用油煎炸，再浇上糖便做成了。食用之后不洗手，触碰了东西，就会将之弄脏，而且可以存放一个多月，适合在不烧火的寒食节食用。先祖林和靖先生《山中寒食》一诗写道："方塘波静杜蘅青，布谷提壶已足听。有客初尝寒具罢，据梧慵复散幽经。"先祖读遍天下书，攻愧先生都叹服他和《琉璃堂图》的事情，所以诗中提到的确实就是寒食节时食用的寒具了。

黄金鸡

李白诗中说："堂上十分绿醑酒，杯中一味黄金鸡。"黄金鸡的烹饪方法如下：把鸡用开水烫后去毛，洗净，加入麻油、盐，用水煮，其中再放一些葱、花椒。等鸡熟了，把鸡砍成小块，煮鸡的原汤汁留作别用。也可以端出美酒相配，这样就能得到李白诗歌中"白酒初熟、黄鸡正肥"的快乐了。现在新的烹饪方法如川炒等，不是山野人家不屑去做，主要是怕失去鸡的真味。每当想到茅容用鸡奉养老母，而用菜蔬招待客人，就觉得他真是贤德之人呀！有古代中药书籍记载：鸡，有小毒，有补益作用，能治满。

槐叶淘

杜甫诗中说："青青高槐叶，采掇付中厨。新面来近市，汁滓宛相俱。入鼎资过熟，加餐愁欲无。"从中可知制作槐叶淘的方法：在夏天采摘长得高的好槐叶，用开水略烫，研细滤清汁，和面做成过水凉面，用醋、酱炒熟姜、蒜末做酱汁，把面条团在一起，细细倒上做好的酱汁，用托盘端出去，真是青碧可喜。杜甫《槐叶冷淘》的最后一句说："君王纳凉晚，此味亦时须。"不仅可见诗人每餐都不忘忧君，而且可以知道即使尊贵如君王，也珍视这山林之味。这才是诗歌的主旨啊！

地黄馎饦

崔元亮《海上方》说："治心痛，去寄生虫病，取大地黄，洗净捣汁，和细面做成馎饦，吃了后，吐出一尺来长的虫子，病就好了。"贞元年间，通事舍人崔杭给他的女儿做地黄面食吃，她吃后吐出的寄生虫像蛤蟆一样，自此心痛病就好了。古代中药书籍记载："把怀地黄放在水中，浮在水上面的是天黄，半沉的是人黄，只有沉在底部的地黄药效最好。把怀地黄捣烂，取过滤后的清汁，不要加盐，否则就不能吃了，或者把怀地黄洗净切细段，和米一起煮粥吃，对人非常有益。"

梅花汤饼

　　泉州的紫帽山有高人，曾经做过这种食物。先用水泡白梅、檀香末，用泡梅花的水和面，做馄饨皮，将馄饨皮撺起来，每一叠用五分梅花样的铁模子凿出梅花形状的面片。把面片煮熟，放进鸡汤内。每碗中只有二百多朵"梅花片"。我觉得一旦品尝过，就不会忘记这梅花。后来，留元刚作诗写这道菜："恍如孤山下，飞玉浮西湖。"

椿根馄饨

　　刘禹锡煮臭椿根馄饨的方法：立秋前后，世人多容易患痢疾或者腰疼，这时取臭椿根一大把，捣碎根茎后筛粉，用来和面，擀皮后捏成皂荚子那么大的馄饨，用清水煮熟，每天空腹吃十个。吃的时候没有什么禁忌。山野人家有客人来到的话，先请客人吃十来个臭椿根馄饨，这不只是对身体有益，也可以推迟一下开饭的时间。香椿木质坚实而有香味，臭椿木质疏松而有臭味，所以用香椿根做比较好。

玉糁羹

　　苏东坡有一天晚上与弟弟子由饮酒，畅快饮酒之后，把萝卜捶烂后用水煮，不用其他作料，只放一些研碎的白米粒。煮熟了，在正要吃的时候，他忽然放下筷子，手抚桌面说："除了天竺的酥酡之外，人间一定不会再有这样的美味了。"

百合面

　　在春秋两季每季的第二个月，采百合根，晒干，捣碎筛出细粉，和面做汤饼，食用这汤饼，最能补益人的血气。此外，蒸熟了还可用来下酒。《岁时广记》说：二月适宜种百合，施鸡粪对百合生长有好处。《化书》上说：山蚯蚓化为百合，因此适合用鸡粪。难道这是物类互相感应吗？

栝蒌粉

孙思邈制栝蒌（栝楼）粉的方法：深挖，取栝楼大根，削去表皮可以看到白色的内里，将其切成一寸厚的片，浸泡在水中，每天换一次水，五天后取出。用力将栝楼根片捣烂，用绢囊包起来过滤出白色的汁液，晒干以后，成为粉末，就能食用了。掺一些粳米做成粥，用勺子舀动至粥呈雪白色，再加一点乳酪，吃了能够补益身体。另外还有一个方法：取栝楼的果实，用酒炒至稍微发红，可以治疗肠风下血病症。

素蒸鸭（又云卢怀谨事）

郑余庆邀请亲朋吃饭。他吩咐家人说："要煮烂去毛，千万不要折断头颈。"客人听了以为说的是鹅鸭。过了很长时间，菜端上来，才发现原来是每人一个蒸葫芦。岳珂在《书食品付庖者》一诗中说："动指不须占染鼎，去毛切莫拗蒸壶。"岳家是功勋显赫的世家，居然也知道蒸葫芦这道菜，真是令人惊异啊！

黄精果　饼茹

农历二月，向地里深处挖，采黄精根，经过九蒸九晒，再将其捣成黏稠的糖浆状，可用来做果食。又一做法是：将一石黄精切成细丝，放入两石五升水中，煮去苦味，过滤，放入绢袋，把汁挤压出来，把黄精渣子滤出去，将汁液煎熬成膏状，和炒黄的黑豆打成的粉一起做成约二寸大的饼。客人到了，可让他先吃两个。另外还可以采黄精苗，做成菜蔬。隋羊公的"服用黄精说"：黄精是芝草的精华，又叫仙人余粮。它的补益作用可想而知。

傍林鲜

夏初，竹林中竹笋长得正盛时，就在竹林边聚扫落叶生火，煨熟竹笋，味道特别鲜美，因此称其为"傍林鲜"。文同做临川太守时，有一天正和家人煨笋吃午饭，忽然收到苏东坡的书信。信中有诗道："想见清贫馋太守，渭川千亩在胸中。"文同看到此诗不由得大笑，把饭喷得满桌都是，想来他当时就是吃的这道菜。大多数人吃竹笋，都崇尚甜美与新鲜，不应与肉同食。当今世俗的厨子做竹笋的时候都会放一些肉，难道不是有这样无能的人，才坏了君子的清雅？"如果面对此君（竹），仍然大嚼鱼肉，岂不是像'腰缠十万贯，骑鹤上扬州'那样粗鄙可笑！"苏东坡诗句的意思太精妙了。

雕胡饭

雕菰，叶子像芦叶，其米是黑色的，杜甫亦有"波翻菰米沉云黑"的诗句。雕菰也就是现在说的胡稌。把菰米晒干，脱壳洗净，做成的饭又香又滑。杜甫诗中说："滑忆雕菰饭。"此外，会稽人顾翱侍奉老母以孝顺著称。母亲喜欢吃雕菰饭，顾翱经常自己去采摘。他家在太湖边，后来湖中生长的全是雕菰，没有别的植物，这是他的孝心感动了上天的缘故。世上那

些厚待自己却薄待亲人的，看到这样的事情难道不惭愧吗？呜
呼！孟宗哭竹出笋、王祥卧冰得鱼这类事例，哪里会是偶然
的呢？

锦带羹

锦带花，又叫文官花，花瓣上面一条条纹路像织锦一样。
新生的叶子非常柔软脆嫩，可以做羹汤吃，所以杜甫诗中有
"香闻锦带羹"之句。也有人说莼菜茎叶缠绕弯曲像带子一
样，并且莼菜与雕菰一起生长在水边。从前，张翰在秋风起的
时候，必定会吃莼菜和鲈鱼来顺气。古代中药书籍记载：莼
菜、鲈鱼一起做羹，可以顺气、止呕。由此可知，张翰当时心
情抑郁，不时由于气逆而呕吐。因此也有人产生了这样的念
头：锦带羹不是莼菜鲈鱼羹还能是什么呢？杜甫写诗时，病卧
在江边小阁，恐怕和张翰是一样的情况吧。认为"锦带"是一
种花，可能未必正确。我住在山里的时候，见过用此花做羹
的，味道也不差。至于把锦带注为"吐绶鸡"，就差太远了。

煿金煮玉

取鲜嫩的竹笋，用调料和成稀薄面糊，把竹笋挂上面糊，
用油煎，煎至金黄色，鲜脆可口。以前游莫干山，拜访霍如
庵，他请我吃早饭。把笋切成方片，掺和在白米里煮粥，味道
非常好。我开玩笑说："这种做法省力气。"济颠和尚《笋疏》中
有"拖油盘内煿黄金，和米铛中煮白玉"一句，其中笋的两种做
法都有。霍北司是地位高贵的人，竟然也喜爱山林之味，真让人
惊异啊！

土芝丹

芋头也叫土芝。把大个的芋头用湿纸包起来，将煮过的酒和糟混合，涂在纸外面，用糠皮生火，把包起来的芋头放在火堆里煨。等香味散发出来芋头就熟了，把芋头取出来，放在凹地上，去了皮，趁着温热的时候吃。如果吃凉芋头，会破血；如果加了盐吃，会散泄精气。取其温补的药性，起名"土芝丹"。从前懒残禅师在用牛粪升起的火中煨芋头。宫中派使者来召请懒残禅师进京，他拒绝说："我连受寒流的鼻涕都懒得擦，哪有工夫陪俗人。"此外，山野之人有一首诗："深夜一炉火，浑家团栾坐。煨得芋头熟，天子不如我。"其对芋头的喜爱程度可想而知。

把小个的芋头晒干了装进瓮里，等冬天到了，用稻草烧火，煨熟后色泽香味都像栗子，故名"土栗"。很适合晚上在山房中围着火炉吃这个。赵两山有诗说："煮芋云生钵，烧茅雪上眉。"这种情景应该是亲自见过，不是随便乱写的。

柳叶韭

杜甫写过"夜雨剪春韭"这一句诗，世人大多误以为是在菜畦里割韭菜，却不知"剪"字极有道理。因为用水烫韭菜的时候，必须先把它的根弄齐，像烹煮蕹一样，杜甫诗歌中"圆齐玉箸头"就是这意思。要用左手拿着韭菜梢，把它的根竖着浸入开水里，稍稍剪去叶梢。手拿过的部分稍后也剪掉不用。只用开水烫韭菜根部，为保持住韭菜的鲜脆，将其放入冷水里。取出来后，口感确实很脆。想要达到这样的效果必须用竹刀切断韭菜。嫩韭菜用姜丝、酱油、醋拌着吃，能利小便，治疗淋闭之症。

松黄饼

我趁着闲暇时间到大理寺造访秋岩陈介。他留我饮酒。陈
介叫出两个小童，吟唱陶渊明的《归去来兮辞》，并端上松黄饼
下酒。陈介头戴角巾，留着美髯，有超凡脱俗的风姿。我们边
饮酒边品尝松黄饼，不仅欣然生起山林之兴，觉得驼峰、熊掌
这样的美味都不如它。春末，采收松花粉调和熟蜜，拌匀做成
像古代龙涎饼的样子。不只味道馨香清甜，也能养颜益志，延
年益寿。

酥琼叶

把隔夜的蒸饼薄薄地切成片，涂上蜂蜜，或者涂上油，放
在火上烤。然后在地面铺上一张纸，把烤好的饼片放在纸上，
散散火气。吃起来非常松脆，并且还能止痰化食。杨万里在诗
中说："削成琼叶片，嚼作雪花声。"形容得再好不过了。

元修菜

苏东坡有写故人巢元修的一首诗歌《元修菜》。每次读到
"豆荚圆而小，槐芽细而丰"这一句，总是想到田间地头亲
自去找找看元修菜到底是什么。曾多次向老菜农询问，基本
没有人能说明白。有一天，永嘉郑文干从蜀地回来，路过梅
边。我向他请教，他回答说："苏轼所说就是蚕豆，也叫豌
豆。四川人叫作巢菜。在豆苗嫩的时候，采来做菜。洗干净
后，用真麻油炒熟，然后下盐、酱等物烹煮。春天将尽的时

候，豆苗老了就不能吃了。"苏轼诗中所说"点酒下盐豉，缕橙芼姜葱"，讲的正是烹调的方法。君子以一物不知为耻辱，一定要多游历，然后见闻才会广博。我读苏东坡的诗二十年了，今天终于明白了这个问题的答案，喜悦之情可想而知。

紫英菊

菊，又叫治蔷，古代中药书籍中称其为节花。陶弘景在《本草经集注》中说："菊有两种，紫茎的气芳而味甘，它的叶可做羹汤；茎青而大的菊，味道像蒿草但要更苦一些，很像薏苡，但并不是。"现在的做法：春天采其苗叶，略炒一下，然后煮熟，放入姜、盐，做成羹吃，可清心明目，加入枸杞叶尤其好。陆龟蒙在《杞菊赋》中说："尔杞未棘，尔菊未莎。其如予何。"古代中药书籍记载："那种枸杞叶很像石榴叶而且质地柔软的，吃了能轻身益气。那种子圆而有刺的，叫枸棘，不可食用。"杞菊，只是微不足道的东西，然而稍有差别，就不可食用。这样看，君子和小人又怎么能不加以辨别啊！

银丝供

张约斋喜欢邀约于山林湖海中隐居的人。一天中午喝酒，数杯之后，命仆人去准备"银丝供"，并且叮嘱说："调和教好，又要有真味。"客人都认为这道菜一定是肉食。过了很久，下人搬出一张古琴，请琴师弹奏了一曲《离骚》，众人这才知道"银丝"指琴弦。"调和教好"，是指调好琴弦；"又要有真味"，大概是取陶渊明"琴书中有真味"之意吧。张约斋出身功勋之家，而能知道此"真味"，堪称贤人啊！

凫茨粉

凫茨粉可做成像粉丝一样的食物，它的滑爽甘甜不同于其他粉。偶然有一次在天台陈梅家见到这种东西，他还好意告诉了我制作方法。凫茨，《尔雅》中又称其为"芍"。郭璞说："生长在下田，样子像曲龙而细，根像指头而黑。"也就是荸荠。采来晒干，磨成粉滤汁，像做绿豆粉那样。后来读到刘一止的诗："南山有蹲鸱，春田多凫茨。何必泌之水，可以疗我饥。"说明其确实是可以吃的。

檐卜煎（又名端木煎）

以前拜访刘漫塘时，中午被他留下饮酒，席间他端出的这道菜，清新芳香，极可爱。询问后才知道，原来是用栀子花做的。其做法：采大瓣栀子花，用开水焯过，稍稍晾干，在用甘草水和的稀面糊里蘸一下，放在油里煎炸，叫檐卜煎。杜甫诗中说："于身色有用，与道气相和。"现在看到这道菜肴，确实有清和之风韵。

蒿蒌菜　蒿鱼羹

旧时客居江西林山房书院，春天经常吃蒿蒌菜。采摘蒿蒌嫩茎，去叶，用开水焯过，把油、盐、醋等浇上去做成菜，也可以加上肉臊，吃起来又香又脆，实在令人喜爱。后来回到京师，每逢春天的时候就会想吃这道菜。偶然与李竹野做了邻居，因为他是江西人，就向他询问这道菜。他说："《广雅》中称其为蒌，生于水田中，江西人向来用其做鱼羹。"陆玑所著的《毛诗草木鸟兽虫鱼疏》说："叶子像艾草，白色，可以蒸来做菜。就是《诗经》中《汉广》一诗中所说的'言刈其蒌'中的蒌。"黄庭坚在诗中说："蒌蒿数箸玉簪横。"以诗注来对照，果然如其所言。李竹野是李怡轩之子，曾跟随西山处士学习科举考试的"宏词科"，他识得很多草木，确实如此。

玉灌肺

将真粉、油饼、芝麻、松子、去皮核桃及少量小茴香、白糖、红曲研磨成末，拌和在一起，然后放进甑里蒸熟。取出后，切成肺形的小块，浇上辣汁后食用。虽然现在皇宫里把这道菜叫"御爱玉灌肺"，但不过是一道素菜罢了。由此可见皇上崇俭、不好杀的美德，山野之人难道还应该奢侈吗？

进贤菜　苍耳饭

苍耳，就是枲耳。江东称其为"上枲"，幽州叫它"爵耳"，其形如老鼠耳朵。陆玑所著的《毛诗草木鸟兽虫鱼疏》说："叶子青白色，好像胡荽，白色的花，细细的茎，蔓生。采摘嫩叶洗净焯干，加入姜、盐、醋等拌和，食用后可以治疗风疾。"杜甫诗云："苍耳况疗风，童儿且时摘。"《诗经》中《卷耳》："嗟我怀人，置彼周行。"准备甜酒，是女人之职责，臣子勤劳，君主也一定要慰劳他们。我正是由采卷耳而想到这些的。至于甜酒之用，可以看出古代皇后、妃子想要以此讽谏君主选用贤才的深意，因此起名叫"进贤菜"。张载的诗也解释了《诗经》中《卷耳》的内涵："闺阃诚难与国防，默嗟徒御困高冈。觥罍欲解痛瘏恨，采耳元因备酒浆。"卷耳的果实，可以和米粉混杂做成饭食，所以古诗有"碧涧水淘苍耳饭"这样的句子。

山海兜

春天，采摘嫩的笋、蕨菜，用开水焯过；选取新鲜的鱼
虾，切成块状，用热水泡过，用粉皮等将它们裹起来，蒸熟，
加入酱油、麻油、盐，将研磨好的胡椒粉同粉皮拌匀，再加入
几滴醋。现在宫中后厨经常进奉这种食物，名叫"虾鱼笋蕨
兜"。食材各自出产的地方不同，却能在盛食物的器物中相会，
也是有趣的事情，所以给其起名"山海兜"。也有人只用笋、蕨
菜做羹，味道也很好。许棐有诗云："趁得山家笋蕨春，借厨烹
煮自吹薪。倩谁分我杯羹去，寄与中朝食肉人。"

拨霞供

从前游历武夷山六曲时，我去拜访止止师。有一天下大
雪，猎得一只兔子，但没有厨师烹饪。止止师说："山里人把兔
肉切成薄片，用酒、酱、花椒、大料腌浸一下，把风炉安到桌
上，锅里放少半锅水，等水开了，先饮一杯酒，每人再各分一
双筷子，自己夹肉放在开水里，涮熟了吃。吃的时候，随个人
的口味蘸调味汁。"于是照着这种方法，不光容易做，而且有
热闹温馨的气氛。过了五六年，我来到京城，又在杨泳斋家看
到这种吃法，恍然间武夷之行如隔一世。杨泳斋家是世家，好
古学而甘于清苦，确实喜欢这种山野之家的趣味。于是作诗：
"浪涌晴江雪，风翻晚照霞。"末尾说："醉忆山中味，都忘贵
客来。"猪、羊肉都可以这么吃。古代中药书籍记载："兔肉补中
益气，不可同鸡一起吃。"

骊塘羹

从前危稹在骊塘书院时，每次在饭后，都必定喝菜汤，其颜色又清又白，非常可爱。饭后喝这种菜汤，就算醍醐、甘露也比不上。询问厨师，只是把菜与萝卜切细，并用井水将其煮烂。开始的时候并未发现其他制作方法，后来读东坡的诗，材料也只是用蔓菁、萝卜而已。苏轼诗中说："谁知南岳老，解作东坡羹。中有芦菔根，尚含晓露清。勿语贵公子，从渠嗜膻腥。"由此可以想到二公对此菜汤的喜好程度有多深。今天江西一带仍多用这种方法做菜汤。

真汤饼

翁卷拜访凝远居士，在谈话间歇，居士命仆人："去做真汤饼来。"翁卷问："天下哪里有'假汤饼'？"等到端上来，原来是汤泡油饼，每人一碗。翁卷问："如果这样，汤泡饭也可以叫'真泡饭'吗？"居士回答说："只要是用粮食做的，且没有肉的话，就称得上是真味了。"

沆瀣浆

在一个下雪的夜晚，张一斋宴请客人。酒酣之际，簿书何时峰捧出沆瀣浆一瓢，与客人分着喝。客人喝完后酒气顿消，感到畅快舒适。客人问其做法，他回答说："从宫廷得到的秘法，只用甘蔗、白萝卜，各切成方块，用水烂煮即可。"因为甘蔗能化酒，萝卜能消食，酒后能饮用这种饮料，益处可想而知。《楚辞》中提到的"蔗浆"，恐怕说的就是沆瀣浆吧。

神仙富贵饼

将白术切成薄片，同石菖蒲在水里煮一滚，晒干后研成末，各取四两，再将干山药三斤研成末，同白面三斤、炼过的白蜜三斤，和面做饼，晒干后收起来。等来了客人，可以切条蒸着吃，也可以做成羹。章简公有诗说："术荐神仙饼，菖蒲富贵花。"

香圆杯

谢奕礼不爱喝酒，曾写有"不饮但能看醉客"的诗句。一日，他在练字弹琴之后，命人把香圆剖开，制成两个杯子，上面雕刻上花纹，然后将皇帝所赐御酒温好倒入杯中，劝客人饮酒。香圆杯清香扑鼻，使人觉得金樽玉斝这样的酒杯都和尘土一样。香圆形状像瓜，颜色发黄，是福建南部的一种水果，却被京师尊贵显赫之家作为清雅玩品，可以说找到了它真正的用处啊！

蟹酿橙

取比较大的橙子，在其顶部切去一块，剜出橙子的内瓤，留下少许汁液，用螃蟹膏肉将橙内填满，仍然用切下的带枝橙顶盖住橙子，将其放入甑中，用酒、醋、水混合做汤蒸熟，再在其中加入醋、盐，就可食用，味道既香又鲜，使人有新酒伴菊花、香橙配螃蟹之兴味。记得危稹先生称赏螃蟹："蟹黄中通畅理气，食物之美就在其中；使四肢通畅，这是食物之美的极致啊。"这几句话源自《易经》，却由螃蟹而得知此句深意，现又借由橙蟹而得之。

莲房鱼包

把莲花中鲜嫩的莲房挖去内瓤，切去底部，留下剜瓤时的孔。用酒、酱、香料加上切成块的活鳜鱼把莲房装满，仍用切下的底封住莲房，放到甑里蒸熟。也可以在莲房里外涂上蜜，放在盘子里，用三鲜调味后供给宾客食用。三鲜是莲、菊、菱做的汤汁。以前，我曾在李春坊宴请的席上吃过这道菜，当时作诗："锦瓣金蓑织几重，问鱼何事得相容。涌身既入莲房去，好度华池独化龙。"李春坊大喜，赠我一方端砚、五块龙墨。

玉带羹

有年春天我去拜访赵璧，茅雍也在。我们一边论诗一边喝酒，到了晚上，没有东西可吃。赵璧说："我有镜湖的莼菜。"茅雍说："我有稽山的竹笋。"我笑着说："可以做一杯羹了。"于是叫仆人做了"玉带羹"，因为笋似玉、莼似带，故有此名。那天晚上过得很适意。至今还喜欢这样清净高雅又亲切融洽的气氛。每次读到忠简公"跃马食肉付公等，浮家泛宅真吾徒"的诗句，也会有这样的感觉。

酒煮菜

鄱江的朋友邀请我饮酒，用"酒煮菜"招待我。那道菜不是蔬菜，而是用酒煮鲫鱼。他说："鲫鱼，是粮食变成的，用酒煮食，对身体很有益处。"把鱼称为蔬菜，我心里觉得非常奇怪。后来读到赵与时《宾退录》的记载：靖州风俗，办丧事期间不能吃肉，只以鱼作为蔬菜，湖北叫它鱼菜。再读到杜甫《白小》一诗："细微沾水族，风俗当园蔬。"我才相信鱼确实可以被称为蔬菜。赵与时是个好古博雅的君子，当然应在我之前便知道得如此详细。

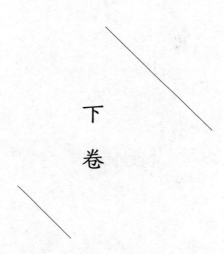

下
卷

梅花》一诗说："瓮澄雪水酿春寒，蜜点梅花……烟火气，更教谁上少陵坛。"剥少许白梅肉，……入梅花来发酵。露天放一晚上，取出，用蜜……用来下酒。比之用雪水烹茶，其风味一点儿也……

……颜色发黄又有腥气；河里面的蟹，呈青紫色且有香气；生在溪水中则苍灰带青色。我时常经过江淮奔赴京城，因此不免没钱吃饭。幸好有钱震祖招待，他靠文字为生，又回到了苏州。有一年秋天，偶然去拜访他，饮酒谈文，他仍然和从前一样勤勉。在他那里逗留了十几天，他每天早上去买蟹，一定选取个头大的螃蟹，用清醋杂以葱、芹烹煮，肚脐朝天放置螃蟹。稍等其蟹膏凝结，每人拿一个，畅快饮酒，大口嚼食，和在湖海之中游泳的快乐又有什么区别呢？众多平庸的厨子做的螃蟹不是不好，而是失去了本味。螃蟹只需要橙醋就足够突显出自身所特有的风味了。钱震祖说："尖脐鳌，秋风高，团者膏，请举手，不必刀，羹以蒿，尤可饕。"由此列举黄庭坚的诗："一腹金相玉质，两螯明月秋江。"这真是诗中的证据啊！"举以手，不以刀"，尤其能看出钱谦斋的直爽痛快。有人说："蟹所恶，恶朝雾。实竹筐，喂以醋。虽千里，无所误。"所以用笔记下来，作为吃蟹时的一点帮助吧。蟹腹中有寄生虫，不宜与柿子一起吃。

汤绽梅

十月以后，用竹刀把将要开放的梅花花苞采下。将花苞全部蘸上蜡以后，放在蜜罐中保存。等到夏天，把保存的花苞放入杯中，倒入热水浸泡，梅花就能马上绽放，清香可爱！

通神饼

把姜切成薄片，葱切为细丝，用放了盐的热水焯一下，然后同白糖一起和进面里做饼，这样能使姜的味道不太辣。加入一些香油，然后把饼炸熟，食用后能去除寒气。朱熹在《论语集注》中说："姜能够通神明。"所以把此饼命名为"通神饼"。

金饭

危稹说："梅以白色为正品，菊以黄色为正品。除此之外，恐怕爱菊的陶渊明、喜梅的林和靖都不要。"现在世上有七十二种菊花，非正者不能食用，就像古代中药书籍中记载："现在没有真正的牡丹，不能煎食。"菊花的食用方法：采紫茎黄花的正品菊花，在甘草汤中加一点盐，把菊花放入焯一下。等饭快熟时，把焯后的菊花投进去一起煮。坚持食用，有明目增寿的效果。如果能够用南阳的甘谷水来煮，更加好。过去爱

菊花的人，没有比得过楚国屈原、晋代陶渊明的了。然而哪里
知道现在爱菊花的人，还有刘元茂，其在日常起居中都离不开
菊花。他在《翻峡得菊叶》中写道："何年霜后黄花叶，色蠹犹
存旧卷诗。曾是往来篱下读，一枝开弄被风吹。"读此诗，不但
知道他爱菊，而且知道其为人的清正耿直。

白石羹

在溪流清澈的地方捡白色或者生有青苔的小石子一二十
枚，用泉水煮，其滋味比螺还甘美，隐约间有泉石之气。这种
方法是从吴季高那里学来的，他还说："这本不是求仙之人通宵
烧煮的石头，但其意趣却非常清雅。"

梅粥

收集落下的梅花，拣洗干净。用雪水和上好的白米煮粥，
等粥熟了，把梅花放进去一起煮。正如杨万里诗中所说："才看
腊后得春饶，愁见风前作雪飘。脱蕊收将熬粥吃，落英仍好当
香烧。"

山家三脆

选取嫩笋、小蕈和枸杞头，放入盐汤内焯熟，放入少许香
熟油、胡椒、盐，再加上酱油、滴醋拌着吃。赵密夫特别喜欢
吃这道菜。有时会做成汤面给父母吃，起名叫"三脆面"。他曾
经写诗："笋蕈初萌杞采纤，燃松自煮供亲严。人间玉食何曾
鄙，自是山林滋味甜。"蕈，又叫菇。

玉井饭

章鉴治理地方之时为官贤德，善待百姓。当时他虽然功高位重，却仍然喜欢宴请客人。然而他吃的饭食大多不在当地市场中购买，原因是怕下属仗势欺人，打扰百姓。有一天，我去拜访他，到了他善政治理以至于蝗虫都不愿飞至的辖地，他留我吃晚餐、饮酒，吩咐下人做"玉井饭"，吃起来非常甜美可口。玉井饭的做法：嫩白藕削皮切块，新采的莲子去掉皮和心，等煮饭时米汤稍微沸腾后投入其中，焖至饭熟。之所以叫玉井饭，大概是取自韩愈《古意》中"太华峰头玉井莲，开花十丈藕如船"的诗句吧。曾有关于藕的诗句说："一弯西子臂，七窍比干心。"现在杭州范堰时常进献的七星藕，有大孔七个，小孔两个，有九窍。因此特意把这件事记录下来。

洞庭馉

从前在永嘉游玩时，在水心先生家的宴席上，正好遇到净居寺的僧人前来送"馉"这种点心。馉有铜钱大小，每个都以橘叶包裹，香气浓郁，闻之让人好像身处洞庭湖旁边一样。水心先生曾有诗："不待归来霜后熟，蒸来便作洞庭香。"由此我求教寺僧制作方法，僧人回答说："采蓬草和橘叶捣成汁，加入蜜，和上面粉做成馉，分别用叶子包住蒸熟。"市场上也有卖馉的，只是味道差得很多罢了。

荼蘼粥（附木香菜）

从前收到赵东岩之子赵瑨夫在外客居时写的诗，其中有一首写道："好春虚度三之一，满架荼蘼取次开。有客相看无可设，数枝带雨剪将来。"初读此诗之时，我认为荼蘼不能吃。
有一天，前往灵鹫寺拜访僧人蘋洲德修，他中午留我吃粥，粥
的味道非常美味。询问后才知道，乃是用荼蘼花做的粥。其制
作方法：采花瓣，放入甘草汤中焯一下，等粥熟了，放入粥中
再煮一下。另外，采摘木香的嫩叶，放入刚才的甘草汤中焯一
下，用盐、油拌食。僧人生活清苦，又爱好吟诗，当然知道荼
蘼花清新之味。于是知道赵瑃夫诗中所说不错。

蓬糕

采摘嫩白蓬，煮熟，细细捣碎。放入米粉和面，加白糖，
拌匀蒸熟，蒸到散发出香气就可以了。世上的权贵们，只知道
看重鹿茸、钟乳的补益作用，而不知道吃这种食物也大有补
益。怎么能因为它是山野食物而轻视呢？福建中部有这种微不
足道的野草。也有用其做饭的方法：等饭沸腾，加入用蓬拌的
面一起煮，名叫蓬饭。

樱桃煎

樱桃被雨淋过后，里面就会生虫子，只是人们看不见。
用一碗水浸泡，过一段时间，虫子就纷纷爬出来，这时才可
以吃。杨万里在诗中说："何人弄好手？万颗捣尘脆。印成花钿
薄，染作冰澌紫。北果非不多，此味良独美。"总之，其制作方法
不过是樱桃用梅子水煮后，去核，捣碎后按压成饼状，然后加上
白糖罢了。

如荠菜

刘彝学士凡参加宴会，一定要主人准备苦菜。狄青统帅边关时，边郡难以及时置办到苦菜。有一次宴会时，刘彝与韩魏公对坐，正好席间没有准备苦菜，刘彝痛骂狄青为"黥卒"。狄青却不动声色，仍然恭敬地称其为"先生"，韩魏公于是知道狄青确实有将相之才。《诗经》上说："谁谓荼苦？"刘彝真可说是认为苦菜"甘之如荠"的人。烹制方法：不用别的调料，只用醋、酱拌生苦菜即可。如果做羹的话，则只需要加点姜、盐。《礼记》中说："孟夏，苦菜茂盛。"确实如此。古代中药书籍中说："苦菜又叫荼，有安心益气的功效。"陶弘景认为："做成粉状饮用，不能入睡。"两广一带种苦菜的很多。

萝菔面

王承宣医师经常将萝卜捣成汁和面做饼，认为能够去除面的热性。古代中药书籍记载："地黄和萝卜一起食用，会使人头发变白。"水心先生特别喜欢吃萝卜，甚至超过了服食玉屑的爱好。他对杨万里说："萝卜就是辣的白玉。"我和叶绍翁老先生交往二十年，他每次吃饭必定要吃萝卜，连皮生吃才感到痛快。叶绍翁平生读书不比水心先生少，而且两人爱好也大致相同。有人说："萝卜能通心气，所以文人嗜好吃萝卜。"但是叶绍翁年纪未老而头发已经变白，难道是服食地黄的过错吗？

麦门冬煎

春秋时节，采麦门冬的根茎，去除中间的芯，捣成汁，加入蜜，放入银器中隔水蒸，直到成糖浆状为止。贮藏在瓷器内，食用时用温酒化开，趁着温热服下，对身体很有补益。

假煎肉

　　将瓠瓜与面筋切成薄片，分别加入调料煎制。面筋用油浸泡后煎，瓠瓜用猪油煎，然后加入葱、花椒、油、酒一起炒。烹制好的瓠瓜与面筋不仅看上去像肉，味道与肉也很难分辨。吴中的何铸宴客，有时会有这道菜。何铸家是吴中的权贵之家，他却喜欢和隐居山林的朋友一起吃这样的清雅风味，可谓贤人。他家常放置小青锦屏风和乌木花瓶，在瓶中插上梅树枝，梅枝上点缀几朵看似栩栩如生的梅花，放在座位右边，让自己与身边的人都时刻不忘梅花。一天晚上，分题作词，在座的有孙贵蕃、施游心和我。我分到的是"心"字《恋绣衾》词牌，于是当场赋词："冰肌生怕雪来禁，翠屏前、短瓶满簪。真个是、疏枝瘦，认花儿、不要浪吟。等闲蜂蝶都休惹，暗香来、时借水沉。既得个、厮偎伴，任风雪、尽自于心。"其他人比我写得更好一些，不过现在已经不记得他们的诗词了。每次去和他们相聚，都要先喝一大杯酒，名叫"发符酒"，然后才行酒令喝酒，直到很晚才散去。现在很高兴何铸的子侄行事都极似他，所以将这件事记下来。

橙玉生

　　选大个的雪梨削皮去核，切成骰子大小。然后选大个的黄色熟香橙，去核捣烂，将橙肉与梨块混合，加一点盐，和醋、酱一起拌匀食用，可用来下酒。葛天民《尝北梨》中说："每到年头感物华，新尝梨到野人家。甘酸尚带中原味，肠断春风不见花。"虽然此诗并没有描述梨的味道，但每次读此诗都很欣赏其寓情于物，描写出了诗经《黍离》一诗中的家国之悲，所以提及此诗。至于歌咏雪梨的诗，则没有比张蕴"蔽身三寸褐，贮腹一团冰"更好的诗句了。那些出身贫寒却富有才华的人，大概可以从中有所借鉴。

玉延索饼

山药，又叫薯蓣，秦、楚等地的人称之为玉延。花呈白色，像枣花一样细小，叶子青色，比牵牛叶尖。夏天的时候，在黄土中种植，灌溉后就会生长繁茂。春秋两季时，采其根茎，白色的为上品，用水浸泡，加入少量矾。过一夜后，洗净取出，焙干，磨筛为粉，适合做面条。如果要做索饼，则煮熟后研磨，滤为粉条，装入竹筒，在盛有淡醋的盆里过一下捞出，放入水中，浸去酸味，用煮面条的方法煮熟即可。如果直接煮着吃，只要刮去皮，蘸盐、蜂蜜都可以。其药性温和，无毒，并且具有补益身体的作用。陈与义作有《玉延赋》，评价山药香、色、味为"三绝"。陆游也有诗说："久缘多病疏云液，近为长斋煮玉延。"临近杭州的地方多见像手掌一样的山药，叫"佛手药"，味道尤其好。

大耐糕

向云杭夏天宴请众人饮酒，让人做大耐糕。旁人料想其一定是由粉面做成的，等到糕端出来才知，原来是用大李子做的。选取生李子，去皮，剜核，用白梅甘草汤焯一下，然后用蜜调和去皮的松仁、榄仁、核桃肉以及捣碎的瓜仁，填满李子

内部，放入小甎中蒸熟，称为"耐糕"。如果不熟的话，吃了会
伤脾。这糕名取自向云杭的先祖向敏中"大耐官职"的事情，
由此可以看出向云杭希望继承其先祖的精神。天下之士人，
如果知道"耐"字的深意，以节义自守，怎么还需要担心事
业不远大呢！因此赋诗道："既知大耐为家学，看取清名自此
高。"《云谷类编》认为"大耐"一词取自李沆的事，恐怕不一
定对。

鸳鸯炙

蜀地有一种鸡，白色的羽毛中藏着艳丽如织锦般的绶带一
样的羽毛，遇到天晴则会向着太阳摆动绶带一样的长羽，头上
有两只一寸多长的角。李德裕诗云："葳蕤散绶轻风里，若御
若垂何可疑。"王安石也有诗描述："天日清明即一吐，儿童初
见互惊猜。"这种鸡生来就知道反哺其亲，所以也叫"孝雉"。
杜甫有"香闻锦带羹"的诗句，但应该不是指吃孝雉。过去
在吴中的芦区游玩，在钱舜选家里吃蟹喝酒。正好有猎鸟者带
着两只鸳鸯来。将其买下，烫去羽毛，然后涂上油用火烤，加
入酒、酱、香料，煨熟。喝酒吟诗之余，品尝这道菜，非常惬
意。作诗道："盘中一箸休嫌瘦，入骨相思定不肥。"其风味不比
锦带鸡差。静而思之：虽然吐绶鸡、鸳鸯都因为羽毛艳丽而被
烹煮，然而吐绶鸡能够反哺报恩，怎么忍心煮食它呢？人不能
将雉和核桃、木耳放在一起吃，否则会出现肠胃出血等病症。

笋蕨馄饨

采摘嫩笋、蕨菜，分别用热水焯过，切碎，然后用酱、

香料、油和匀，包馄饨吃。以前，江西林谷梅家经常做这种食物。吃完以后，坐在古香亭下，采摘芎、菊苗泡茶，对着山茶花饮茶，真是极佳享受。山茶花像茶，但稍微有点区别，大概五尺多高，现在只有林家独有。林谷梅是林梦英的后代，其清雅可想而知。

雪霞羹

采摘芙蓉花，去掉花心和花蒂，用热水焯一下，和豆腐一起煮。做好的汤羹红白相间，就好像雪后晴天的红霞，所以名叫"雪霞羹"。煮汤羹时也可以加入胡椒和姜。

鹅黄豆生

温陵一带的人在中元节前几天，用水浸泡黑豆，取出后放在太阳下晾晒。等豆子发芽，在盆中放上糠秕，铺上沙子，然后把豆子种在里面，用木板压着。等豆芽长出来，就用木桶罩住，只在早上晒一下太阳，这样可以让豆芽长得整齐又不被风、阳光损伤。到了中元节，将豆芽陈列于祖宗牌位之前祭祀。三天后，摘取豆芽，洗净焯过，用油、盐、醋、香料拌过，用麻饼卷着吃，味道尤其好。因为豆芽颜色浅黄，所以叫"鹅黄豆生"。我离开家在江淮一带游历二十年，每每因为这道菜而想念双亲和故乡。即将要辞官还乡，可以得偿这心愿了。

真君粥

将杏子煮烂去掉杏核，等到粥熟了，放进去一起煮，可以称之为"真君粥"。从前，我去庐山游玩，听说董真君还没有得道成仙时，种了很多杏树。丰收之年，就用杏换谷子；庄稼歉收之年，就把囤积的谷子便宜卖给百姓。当时因他而活命的人非常多。后来传说他白日升仙。世上有诗流传："争似莲花峰下客，种成红杏亦升仙。"难道一定要专门炼丹服气才能成仙吗？如果有功德于众人，即便是没有死，他的名字也已经进入仙簿了。因此用他的名字来命名这种粥。

酥黄独

雪夜天，芋头刚做熟的时候，有特别爱吃芋头的朋友来到，说："看了你的书信，就带着酒来敲门。"于是端上芋头请他吃。朋友说："煮芋头有好几种方法，只有'酥黄独'世上极少见到。"其方法是把熟芋头切片，将榧子、杏仁研磨成细粉，与酱一起调成面糊，把芋头片挂上面糊后用油煎。芋头选白色大个的更好。正如诗云："雪翻夜钵裁成玉，春化寒酥剪作金。"

满山香

陈垓在《学圃》一诗中说："只教人种菜，莫误客看花。"可说是既重视农耕，又深谙山野之趣。我春日渡湖，去雪独庵拜访朋友。他留我饮酒，端上了一份春盘，偶然得诗："教童收取春盘去，城市如今菜色多。"这倒不是轻贱菜，而是因为看到它引发了内心感触，不忍心动筷。有位姓薛的朋友说："过去有人称赞此菜说：可使士大夫知此味，不可使斯民有此色。"虽然诗与文不同，但爱菜重农之心没有区别。一天，妻子煮油菜羹，自认为是佳品。正好郑渭滨来了，请他品尝，他说："我有一个方法献给你，即只需将莳萝、茴香、姜、椒研成末，放在葫芦里，等煮菜到汤稍沸的时候，就与熟油、酱一起，快速倒入锅中，满山都是菜香。"试了试，果然如其所说，于是把这道菜命名为"满山香"。最近听说汤孝信将军特别喜欢吃焖菜，不用水，只用油炒，等汁出来，和上酱料焖熟，自言其味之香美超过了美味肉食。汤将军是武将，却并不嗜杀，真是奇特！

酒煮玉蕈

把新鲜的蘑菇洗干净，用少量水煮到略熟，捞出再放入好酒中煮，或者也可以加上临漳产的绿竹笋同煮，味道尤其好。施芸隐在《玉蕈》一诗中说："幸从腐木出，敢被齿牙和。真有山林味，难教世俗知。香痕浮玉叶，生意满琼枝。饕腹何多幸，相酬独有诗。"现在皇宫中的后厨多用酥油炙烤蘑菇，其风味也是很不错的。

鸭脚羹

冬葵长得和现在的蜀葵很像，枝丛短而叶子大，因为喜光照，所以性温。其做法和羹菜的做法一样。诗经《豳风》中写的七月所烹的菜，就是冬葵。采冬葵时只要不伤着根，它就会继续生长。所以古诗有"采葵莫伤根，伤根葵不生"的句子。昔日，公仪休担任鲁国相国，他的妻子种植冬葵，他看到以后拔掉说："食君王给的俸禄，却与老百姓争利，可以吗？"现在卖饼的、卖酱的、开钱庄的、卖药的，都是食禄者，又不止于种植冬葵谋私，老百姓怎么活得下去呢？白居易诗中写道："禄米獐牙稻，园蔬鸭脚葵。"因此起了"鸭脚羹"这个名字。

石榴粉（银丝羹附）

把藕切成小块，用砂器摩擦成圆形，用梅子汁和胭脂染色，调一些绿豆粉拌匀，然后放入鸡汤里煮，看上去就好像石榴种子一样。另外，将熟笋切成细丝，也和绿豆粉一起煮，名叫银丝羹。这两种方法恐怕是相因而成，所以都记录在此。

广寒糕

采摘桂花，去掉青色的花蒂，用甘草水清洗表面，然后混合在米里舂成粉，做成糕来吃。每逢科举之年，士人的亲友都做这种糕饼赠送给他们，以求讨一个"广寒高甲"的好兆头。还有人采下桂花稍微蒸一下，晒干后做成香粉，喝酒吟诗的时候，用古鼎燃香，尤其有清雅的韵味。童师禹诗云："胆瓶清气撩诗兴，古鼎余葩晕酒香。"可以说是深得此花之趣。

河祇粥

《礼记》说："鱼干曰薨。"古诗中也有"酌醴焚枯"的诗句。南方人把鱼干叫作鲞，多用小火煨熟来吃，很少有做粥的。最近去天台山游玩，看到有人把干鱼浸洗后切成细块，同米粥一起煮，放入酱料和胡椒，说是能治疗头风病，效果甚至超过了陈琳的檄文对曹操头风病的祛病效果。也有加豆腐一同烹煮的。《鸡跖集》记载说："武夷君吃的河祇脯，也就是干鱼。"因此取名为"河祇粥"。

松玉

文惠太子问周颙："什么菜最好吃？"周颙回答："春初的

早韭，秋末的晚白菜。"但是白菜有三种，只有比玉还白的那种口感非常松脆，颜色略青的一点儿风味也没有。因此以白色的白菜为极品，称之为"松玉"，这么区分也是想让世上吃白菜的人有所选择。

雷公栗

晚上围炉读书困倦，每每想要煨栗子时，都会担心引燃毡席。有一天，马北鄘说："只需要用一个栗子蘸上油，一个栗子沾上水，放在铁铫内，取四十七个栗子密密地盖在上面。点燃炭火，等到发出像雷声一样的声音就可以了。"偶然一天大家在一起喝酒，尝试这种方法果然有效，而且味道比沙炒的还要好。即使栗子没这么多，也可以这样做。

东坡豆腐

豆腐先用葱油煎，再研磨香榧子一二十枚，和酱料一起放入锅中煮。还有一种方法：完全用酒来煮。这两个方法都有益处。

碧筒酒

夏天的时候，和客人一起泛舟莲湖中。先把酒倒入荷叶，将其扎好，又将鱼鲊包在其他叶子中。等到回船时，风和日丽，酒香鱼熟，各自饮酒、吃鱼酢。真是上佳的享受啊。苏东坡说过"碧筒时作象鼻弯，白酒微带荷心苦"。想来，苏东坡在杭州做太守时，经常享用这道美食。

罂乳鱼

把罂粟仁洗干净，磨制成白色乳汁。先把淀粉铺在缸底，用绢囊将汁液过滤到缸中，去掉表层的清澈液体后倒入锅中煮，稍微沸腾时，立刻洒一些淡醋来止沸。之后再放入绢囊中，压成块，仍将淀粉铺在甑内，放入罂粟乳，蒸熟后再洒一点红曲水在上面，再稍微蒸一下取出。把它切作鱼鳞片大小，名叫"罂乳鱼"。（译者注：为保持原书面貌而保留，请勿效仿。）

胜肉夹

用热水焯一下笋、蕈，捞出切好，加入松子、胡桃，与油、酱、香料调和在一起，然后和面做馅饼。测试蕈是否可食的方法：放入几片姜一起煮，如果颜色不变，则可以食用。

木鱼子

苏东坡《棕笋》诗云："赠君木鱼三百尾，中有鹅黄木鱼子。"春天，将棕榈花苞剥出来蒸熟，如蒸笋一般，用蜜烹煮或者醋浸泡，可以保存携带到千里之外。川蜀之地的人招待客人多用这个菜。

自爱淘

炒葱油，用纯滴醋和糖、酱做成齑汁，或者加上豆腐和乳饼，等面熟后过一下凉水，浇上齑汁食用，吃了对身体有益处，真是一味补药。吃的时候，记得要喝一杯热面汤。

忘忧斋

稽康说过:"合欢花能消除人的愤怒,萱草可令人忘掉忧愁。"崔豹在《古今注》中则把萱草称为"丹棘",又称其为"鹿葱"。春天时,采摘新苗,用热水焯一下,以酱油、滴醋做斋汁,或加上肉做成肉臊。何处顺担任六合的长官时,经常吃这道忘忧斋,难道不是因为边境未安宁,而尚有忧愁不能忘吗?因此称赞他说:"春日载阳,采萱于堂。天下乐兮,忧乃忘。"

脆琅玕

把莴苣去掉叶、皮,切成寸许小块,用沸水焯一下,捣一些姜,用烂姜、盐、熟油、醋腌拌,吃起来很甘脆。杜甫曾经种莴笋,但是十多天都没有发芽,叹息道:"君子脱离了菲薄的俸禄,道路坎坷不能前进,就好像芝兰被困在荆、杞丛中。"由此知道,杜甫的诗歌主旨并不是指口腹之欲,实际上是抒发自己的情感。

炙獐

古代中药书籍记载:"秋后,獐子的味道比羊还要好。"道家认为獐肉干是精美食品,其骨还可以做獐骨酒。现在的做法是将其切成大块肉,用盐、酒、香料腌一会儿,用羊脂包裹,猛火烤熟,剖开去掉羊脂,吃里面的獐子肉。烤麂子肉也用同样的方法。

当团参

北方人把白扁豆叫作鹊豆。其性温、无毒，具有和中下气的功效。煮烂后食用，味道甘甜。现根据葛天民"烂炊白扁豆，便当紫团参"的诗句，命名这道菜为"当团参"。

梅花脯

将山栗、橄榄切成薄片，拌在一起，加点盐，食用时有梅花的风味，因此给其取名"梅花脯"。

牛尾狸

古代中药书籍记载："狸中花纹像虎的最好，像猫的次之。其肉可以治疗痔病。"烹饪方法：去皮，取出全部内脏，用纸擦干净腹内，用清酒洗过，再将花椒、葱、茴香放到肚腹中，密缝起来，蒸熟后再剖开去掉各种作料，压一晚上，切成像玉一样的薄片。下雪天，暖炉旁，饮酒谈诗时吃，真是非常特别的食物啊。所以苏东坡有"雪天牛尾"的咏叹。如果裹纸里糟一晚上，味道更好。杨万里有诗云："狐公韵胜冰玉肌，字则未闻名季狸。误随齐相燧牛尾，策勋封作糟丘子。"南方有人给其绘图，样子如黄狗，鼻尖而尾大，貌似狐狸。其药性亦温，可以去风补痨。腊月取出它的胆，凡遇到暴病将死之人，用温水调和后给其灌下去，立刻就会痊愈。

金玉羹

将山药与栗子都切成片，放入羊肉汤中，加入作料炖煮，这道菜叫"金玉羹"。

山煮羊

把羊肉切成块，放在砂锅内。除放葱、花椒外，还有一个秘法：只放入几枚捣烂的真杏仁，用明火煮到骨头酥烂。时常叹息这一秘法没有出现在汉朝那个时候，否则凭借此法取得一个关内侯的职衔都不足称道！

牛蒡脯

农历十月以后，采牛蒡的根茎，洗干净，去皮煮，不要煮过头。然后将其捶扁、压干，放入盐、酱、茴香、莳萝、姜、花椒、熟油等各种佐料，腌上一两晚，再焙干。吃起来的味道和肉脯一样。笋脯与莲脯的制作方法与此相同。

牡丹生菜

宪圣皇后喜清俭，不爱杀生。要求宫里御厨做素菜时，一定要采一些牡丹花瓣和在里面。或者用面粉裹一下，油炸到酥脆。另外，她时常收集杨花做鞋、袜、褥之类的日常用品。皇后本性恭俭，每次做素菜的时候，一定在梅树下收集落花放入菜中，菜的香味可想而知。

不寒齑

制作方法：取很清的面汤，在切好的白菜中加入姜、花椒、茴香、莳萝，放入面汤中一起煮。要煮到烂熟，再加入一杯旧菜卤混合。此外，加入一捧梅花，就叫"梅花齑"。

素醒酒冰

用淘米水浸泡琼芝菜，在太阳底下暴晒。频繁搅动，等到发白，洗干净、捣烂，在锅中煮到烂熟后倒入碗中，放入十多瓣梅花。等到成冻儿后，加入姜、橙，非常美味。

豆黄签

将豆粉细细地摊开，晒干后储藏。吃的时候，放入青芥菜心一起煮最好。但是这两样东西，只有泉州才有。如用其他菜和酱汁也可以，只是风韵有所欠缺。

菊苗煎

春天前往西马塍游玩，正好遇到张元将使，于是留下饮酒。他让我作《菊田赋》诗、画墨兰图。张元很高兴，饮酒数杯后，端出了菊苗煎。其做法：采摘菊苗，用热水焯一下，用甘草水调和的山药粉把它裹一下，用油煎。吃起来很舒畅，味道俨然有楚畹之风。张将使精通医药，也说"菊花，要选紫茎的为正"。

胡麻酒

从前听说过胡麻饭，但没有听过有胡麻酒。盛夏时，张赖在竹阁招待饮酒，中午时大家各饮一大杯胡麻酒，清风阵阵吹过，暑气全无。胡麻酒的制作方法：买两升芝麻，煮熟后稍微炒一下，加入生姜二两、龙脑薄荷一把，一起放入砂器内细细研磨，然后倒进去煮酒五升，之后过滤去掉渣滓，用水浸后饮用，对身体有很大益处。因此赋诗道："何须更觅胡麻饭，六月清凉却是渠。"古代中药书籍中称胡麻为"巨胜子"。《太平广记》中所记世外桃源中所吃的胡麻，就是这东西，这大概是那些荒诞虚妄的人自己编造的奇异之说。

茶供

茶就是一种药。煎服能够去滞而化食。以热水冲泡，则会滞膈而损伤脾胃。世上追逐利益的奸商，多采别的叶子杂在茶中，加上人们又怠于煎煮，所以会对身体有害。现在的烹茶方法：采茶树嫩芽，或者用碎蕚，用活水在活火上煎。饭后，一定要过一会儿才喝茶。苏轼在诗中说"活水须将活火烹"，又说"饭后茶瓯未要深"，正是描述这种煎煮的方法。陆羽《茶经》中也认为煮茶时江水为上佳，山泉与井水都要次一等。现在世人不仅不知道选择水，而且还加入盐和茶果，有失正味。那些人不知道葱去昏、梅去倦，如果不昏不倦，又何必用它们入茶呢？古代嗜茶的人，没有比得上玉川子的，听说他是采用煎煮法的。如果他也用热水冲泡，那么又怎么能连喝七碗呢？黄山谷词云："汤响松风，早减了、七分酒病。"倘若知道此事，那么口不能言，心里快活，自省悟如同参透了禅机一样。

新丰酒法

制酒之初，将一斗面、三升糖醋、两担水煎成浆。等到浆水沸腾，放入麻油、川椒、葱白，等熟了以后，浸入一石米。三日后，将米取出，蒸熟，把元浆煎至剩一半，等到浆水沸腾，撇去浮沫。再次放入川椒及麻油，等浆水沸开后倒入缸里

面。放入一斗多蒸好的饭、十斤面和半升酵母。等到天亮后，
把剩余的元饭贮存到别的缸里。拌入放过酵母的元酵饭，加入
二担水和二斤酒曲，充分踩踏。天亮后，用木棒搅动，过三日
停止，只需四五日，酒就熟了。之前剩下的元浆，加上水，再
浸入一些米。每当酒熟了后，就取酵母来继续酿制，不必把酒
曲捣碎，只需要磨碎麦子，用清水揉制成饼，使之像石头一样
坚硬就可以。当初没有酿酒的酒曲，我曾跟着危积之子危骖到
过新丰，所以才了解得这么详细。危积在这里的时候，禁止工
人偷酵母，以防私自酿酒；禁止混杂生米，以提高酒质；并且
为制酒人提供新鞋子，以保持酿酒场所的清洁。他酿造的酒吸
引了往来的商船，因此这酒流通四处。所以酿造的酒一天比一
天好，获利也越来越多，由此知道有关酒的酿造细节，危积先
生都非常用心地推究。过去有人作《丹阳道中》一诗，诗中说：
"乍造新丰酒，犹闻旧酒香。抱琴沽一醉，尽日卧斜阳。"说的
正是新丰这个地方。沛中本来还有一个旧丰，马周独酌之地则
是在长安仿效新丰之处。

清 — 任伯年 — 《清流小舟》

清 — 任伯年 — 《南瓜图》

清 — 任伯年 — 《花鸟图》

清 — 任伯年 — 《桃实白头》

清 — 任伯年 — 《花卉册页》

清 — 任伯年 — 《花卉册页》

清 — 任伯年 — 《花卉册页》

清 — 任伯年 — 《花卉册页》

清 — 任伯年 — 《花卉册页》

清 — 任伯年 — 《花卉册页》

清 — 任伯年 — 《花卉册页》

清 — 任伯年 — 《花卉册页》

清 — 任伯年 — 《花卉册页》

清 — 任伯年 — 《花卉册页》

清 — 任伯年 — 《花卉册页》

原文和注释

上 卷

青精饭

青精饭，首以此①，重谷②也。按《本草》："南烛木，今名黑饭草，又名旱莲草。"即青精也。采枝叶，捣汁，浸上白好粳米，不拘多少，候一二时③，蒸饭。曝干，坚而碧色，收贮。如用时，先用滚水，量④以米数，煮一滚即成饭矣。用水不可多，亦不可少。久服延年益颜。仙方又有"青精石饭"，世未知"石"为何也。按《本草》："用青石脂⑤三斤、青粱米⑥一斗，水浸三日，捣为丸，如李大，白汤送服一二丸，可不饥。"是知"石脂"也。二法皆有据。第以山居供客，则当用前法；如欲效子房⑦辟谷，当用后法。每读杜诗，既曰："岂无青精饭，令我颜色好⑧。"又曰："李侯⑨金闺彦⑩，脱身事幽讨⑪。"当时才名如杜李，可谓切于爱君忧国矣。天乃不使之壮年以行其志，而使之俱有青精、瑶草⑫之思，惜哉！

注释：

①首以此：把青精饭放在（本书）首位。首，首位。

②重谷：重，重视；谷，谷物、粮食。

③一二时：一两个时辰，指不长的时间。

④量：用量器称量。

⑤青石脂：古代中药书籍中记录的一种中药材，质地似石而有黏性，故被称为石脂，有青、白、黑、黄、赤五种颜色。

⑥青粱米：为禾本科植物粟的种仁，有健脾益气、涩精止泻、利尿通淋的功效。

⑦子房：汉高祖刘邦的谋臣张良，字子房，精通谋略，协助汉高祖刘邦赢得楚汉战争。他擅长黄老之道，晚年闭门修习辟谷等道教养生术。

⑧岂无青精饭，令我颜色好：出自唐代诗人杜甫《赠李白》。颜色，指面色。

⑨李侯：指唐代诗人李白，因他曾经担任翰林待诏，故称其李侯。

⑩金闺彦：指朝廷杰出的才士，语出南朝梁江淹《别赋》："金闺之诸彦，兰台之群英。"

⑪幽讨：指寻访幽隐之士。幽，深幽之地的隐居之士。讨，寻访。

⑫瑶草：神话传说中的仙草，服之能长生不老、飞升成仙。

碧涧羹

芹，楚葵①也，又名水英。有二种：荻芹取根，赤芹取叶与茎，俱可食。二月、三月，作羹时采之，洗净，入汤焯②过，取出，以苦酒③研芝麻，入盐少许，与茴香渍之，可作菹④。惟瀹⑤而羹之者，既清而馨，犹碧涧然。故杜甫有"香芹碧涧羹⑥"之句。或者：芹，微⑦草也，杜甫何取焉而诵咏之不暇⑧？不思野人⑨持此，犹欲以献于君者⑩乎！

注释：

①楚葵：即现在人们所说的水芹，生于低湿洼地，全体光滑无毛，可食用。

②焯（chāo）：把蔬菜放到沸水中略烫煮就捞出。

③苦酒：古代醋的别称。

④菹（zū）：用盐腌制的酸菜。

⑤瀹（yuè）：煮。

⑥香芹碧涧羹：出自杜甫诗歌《陪郑广文游何将军山林·其二》，诗句为："鲜鲫银丝脍，香芹碧涧羹。"

⑦微：微不足道，不重要。

⑧暇（xiá）：空闲时间。

⑨野人：没有官职的平民百姓。

⑩欲以献于君者：在此用了"献芹"的典故。典出《列子·杨朱》。说的是从前有个乡下人，自以为芹菜是最鲜美的食物，于是在豪绅面前大肆吹嘘芹菜如何好吃。豪绅听后禁不住尝了尝，入口感到粗粝无比，如毒虫叮刺了嘴巴，吃完后肚子疼痛。后来常用献芹自谦，表达把菲薄礼品赠予别人，或者向别人提出浅陋的建议。

苜蓿盘

开元①中，东宫②官僚清淡。薛令之③为左庶子④，以诗自悼曰："朝日上团团，照见先生盘。盘中何所有？苜蓿长阑干。饭涩匙难滑，羹稀箸易宽。以此谋⑤朝夕，何由保岁寒⑥？"上幸⑦东宫，因题其旁，曰"若嫌松桂寒，任逐桑榆暖"之句。令之惶恐归。每诵此，未知为何物。偶同宋雪岩⑧伯仁访郑垫野钥，见所种者，因得其种并法。其叶绿紫色而灰，长或丈余。采，用汤焯，油炒，姜、盐随意，作羹茹⑨之，皆为风味。本不恶⑩，令之何为厌苦如此？东宫官僚，当极一时之选，而唐世诸贤见于篇什⑪，皆为左迁⑫。令之寄思恐不在此盘。宾僚之选，至起"食无余⑬"之叹，上之人乃讽以去。吁，薄矣！

注释：

①开元：唐朝皇帝唐玄宗李隆基的年号，从713年到741年。

②东宫：中国古代太子所居之地，因坐落于皇宫之东得名。在易学中，八卦里的震卦代表正东方，也代表长子，因此皇宫中以东宫为太子储君之住所。

③薛令之：字君珍，号明月，福建长溪（今福安市）人，生于唐永淳二年（683），官至太子侍读。薛令之以诗文名于时，为闽人以诗赋登第第一人，有《明月先生集》行世。

④左庶子：庶子，官名，太子官属。汉以后为太子侍从官，唐以后在太子

官署中设左右春坊，以左右庶子分隶之。

⑤谋：谋求生活。

⑥保岁寒：确保生活丰足。

⑦幸：指皇帝到达某地。

⑧宋雪岩：即宋伯仁，字器之，号雪岩，湖州人。南宋理宗嘉熙年间，为盐运司属官。工诗，善画梅。著有《梅花喜神谱》《烟波渔隐词》等。

⑨茹：吃，吞咽。

⑩恶：不好，差。

⑪篇什：指诗歌。《诗经》的"雅"和"颂"以十篇为一什，所以诗歌又称"篇什"。

⑫左迁：降低官职。汉代贵右贱左，故将贬官称为左迁，后世沿用之。

⑬食无余：没有多余的食物。出自《诗经·秦风·权舆》："今也每食无余。"表达了对现实的不满与失望之情。

考亭蕨

考亭先生①每饮后，则以蕨菜②供。蕨，一出于盱江，分③于建阳；一生于严滩④石上。公所供，盖建阳种，集有《蕨》诗可考。山谷⑤孙嵸，以沙卧⑥蕨，食其苗，云：生临汀⑦者尤佳。

注释：

①考亭先生：南宋理学家朱熹。朱熹晚年定居在建阳考亭，创办了考亭书院，因此也被称为考亭先生。

②蕨（hàn）菜：一种草本植物，基部叶子分裂多，茎部叶子长椭圆形，嫩茎叶可以吃，具有很高的药用价值，全株均可供药用，性凉，味微苦，无毒。

③分：此处指蕨菜种类的一个分支。

④严滩：严滩又名严陵濑，在今浙江省桐庐县。相传东汉严光（字子陵）隐居耕钓于此，后人遂名其垂钓处为严滩或严陵濑。

⑤山谷：即黄庭坚，字鲁直，号山谷道人、涪翁，洪州分宁（今江西省修

水县）人，北宋著名文学家、书法家，江西诗派开山之祖。作有《山谷集》。与张耒、晁补之、秦观都游学于苏轼门下，合称"苏门四学士"。生前与苏轼齐名，世称"苏黄"。

⑥卧：此处指种植。

⑦汀：水边的平地，或者水中小洲。

太守羹

　　梁蔡遵①为吴兴守，不饮郡井②，斋前自种白苋③、紫茄，以为常饵④。世之醉酸饱鲜⑤而怠于事者视此，得无愧乎！然茄、苋性俱微冷，必加芼姜⑥为佳耳。

注释：

①蔡遵：当为蔡撙，字景节，济阳郡考城县（今河南省民权县东北）人。梁武帝时中书令。

②不饮郡井：不喝自己管辖郡内水井里的水，意为蔡撙清廉严明，绝不滋扰辖区内的百姓。

③白苋：别称绿苋、细苋、猪苋等，叶片呈绿色或黄绿色，生田野间。枝叶可食用，性凉，味甘淡。

④饵：原义指糕饼，此处指食物。

⑤醉酸（nóng）饱鲜：泛指美酒佳肴。酸：酒味厚。

⑥芼（mào）姜：指刚采拔的鲜姜。芼，采拔。

冰壶珍

　　太宗①问苏易简②曰："食品称珍，何者为最？"对曰："食无定味，适口者珍。臣心知齑汁③美。"太宗笑问其故。曰："臣一夕酷寒，拥炉烧酒，痛饮大醉，拥以重衾④。忽醒，渴甚，乘月中庭⑤，见残雪中覆有齑盎⑥。不暇呼童，掬雪盥手⑦，满饮数缶⑧。臣此时自谓：上界仙厨，鸾脯凤脂⑨，殆恐不及。屡欲作《冰壶先生传》记其事，未暇也。"太宗笑而然之。后有问其方者，仆^⑩答曰："用清面菜汤浸以菜，止醉渴一味耳。或不然，请问之'冰壶先生'。"

注释：

①太宗：指宋太宗赵光义，宋朝第二位皇帝，本名赵匡义，后因避其兄宋太祖赵匡胤名讳而改名赵光义，即位后又改名赵炅。

②苏易简：北宋官员，字太简，绵州盐泉（今四川省绵阳市）人。以文章名著于世，有《文房四谱》《续翰林志》及文集二十卷传世。

③齑（jī）汁：此处指腌菜的汤汁。齑：调味用的姜、蒜或韭菜碎末儿。

④衾（qīn）：被子。

⑤中庭：指庭院。

⑥盎（àng）：古代的一种盆，腹大口小。

⑦盥（guàn）手：洗手。

⑧缶（fǒu）：古代一种大腹小口的盛酒器皿。

⑨鸾脯凤脂：鸾凤的肉干和油脂，指珍馐、美味。

⑩仆：自己的谦称。

蓝田玉

　　《汉·地理志》^①："蓝田^②出美玉。"魏李预^③每羡古人餐玉^④之法，乃往蓝田，果得美玉种七十枚，为屑^⑤服饵^⑥，而不戒酒色。偶疾笃^⑦，谓妻子曰："服玉必屏居^⑧山林，排弃嗜欲，当大有神效。而我酒色不绝，自致于死，非药过也。"要之，长生之法，当能养心戒欲，虽不服玉，亦可矣。今法：用瓠^⑨一二枚，去皮毛，截作二寸方片，烂蒸，以酱食之。不须烧炼之功，但除一切烦恼妄想，久而自然神气清爽。较之前法，差胜矣。故名"法制蓝田玉^⑩"。

注释：

①《汉·地理志》：即《汉书·地理志》，包括上、下两分卷，是班固所撰写的古代历史地理之杰作，是《汉书》十志之一。

②蓝田：蓝田县，隶属于陕西省西安市，位于陕西省中部、渭河平原南缘、秦岭北麓，是四大名玉之一蓝田玉的原产地。班固《西都赋》中记载："陆海珍藏，蓝田美玉。"

③李预：字元凯，北魏官员。

④餐玉：服食玉石碾成的粉末。

⑤屑：粉末。

⑥服饵：服食。

⑦疾笃：疾病加重。

⑧屏居：远隔人群而居住。

⑨瓠（hù）：葫芦的一种，一年生草本植物，茎蔓生，夏天开白花，果实长圆形，嫩时可食。

⑩法制蓝田玉：由于瓠瓜去皮切块之后，色泽洁白，状如美玉，因此林洪在文中将其比喻为使用特殊方法制作出的"蓝田玉"。

豆粥

汉光武①在芜蒌亭②时，得冯异③奉豆粥，至久且不忘报，况山居可无此乎？用沙瓶④烂煮赤豆，候粥少沸，投之同煮，既熟而食。东坡诗曰："岂知江头千顷雪，茅檐出没晨烟孤。地碓⑤舂粳光似玉，沙锅煮豆软如酥。老我此身无着处，卖书来问东家住。卧听鸡鸣粥熟时，蓬头曳杖君家去。"此豆粥之法也。若夫金谷⑥之会，徒咄嗟⑦以夸客⑧，孰若山舍清谈徜徉⑨，以候其熟也。

注释：

①汉光武：东汉光武帝刘秀，字文叔，南阳郡蔡阳县（今湖北省枣阳市西

南）人，是汉高祖刘邦九世孙，东汉王朝的建立者。

②芜蒌（lóu）亭：又叫"无蒌亭"。原文无"芜"字。李贤《后汉书》注曰："无蒌，亭名，在今饶阳县东北。"据改。

③冯异：字公孙，汉族，颍川父城（今河南省宝丰县东）人，东汉开国名将、军事家，"云台二十八将"第七位，协助刘秀建立东汉。《后汉书》中记载：刘秀称帝前，从蓟东南策马奔驰到饶阳芜蒌亭，昼夜兼行。当时天寒地冻，众人饥渴疲惫，冯异想办法找来了豆粥送给刘秀。第二天一早，刘秀对将领们说："昨天得到冯异送来的豆粥，饥饿、寒冷都消失了。"

④沙瓶：用陶土和沙烧制的罐子。

⑤碓（duì）：捣米器具，一臼一杵，用手执杵舂捣。后用柱架起一根木杠，杠端系石头，用脚踏另一端，连续起落，脱去下面臼中谷粒的皮。

⑥金谷：西晋石崇的别墅，遗址在今洛阳老城东北的金谷洞内。石崇是西晋的富豪，与贵族大地主王恺争富，修筑了金谷别墅，世称"金谷园"。园内有台阁亭榭、奇珍异宝，美轮美奂。

⑦咄嗟（duō jiē）：吆喝。

⑧夸客：指向客人炫耀。夸，夸耀。

⑨徜徉：安闲自得的样子。

蟠桃饭

采山桃，用米泔①煮熟，漉②置水中，去核，候饭涌③，同煮顷之④，如鉴⑤饭法。东坡用石曼卿⑥海州⑦事诗⑧云："戏将桃核裹红泥，石间散掷如风雨。坐令空山作锦绣，绮天照海光无数。"此种桃法也。桃三李四⑨，能依此法，越三年，皆可饭矣。

注释：

①米泔：淘米水。

②漉（lù）：液体往下渗。

③涌：粥沸腾上涌。

④顷之：一会儿。

⑤盦（ān）：古代盛食物的器具。

⑥石曼卿：名延年，字曼卿，一字安仁，北宋文学家、书法家。宋城（今河南省商丘市南）人，官至太子中允、秘阁校理，著有《石曼卿诗集》。

⑦海州：今属江苏省连云港市。石曼卿曾经在海州担任通判，据宋代刘延世《孙公谈圃》记载："石曼卿谪海州日，使人拾桃核数斛，人迹不到处，以弹弓种之。不数年，桃花遍山谷中。"

⑧诗：指的是苏轼《和蔡景繁海州石室》一诗。

⑨桃三李四：桃树种下出苗之后三年可以结果实，李树则四年才可结果。

寒具①

晋桓玄②喜陈书画，客有食寒具不濯③手而执书帙④者，偶污⑤之。后不设寒具。此必用油蜜者，《要术》⑥并《食经》⑦者，只曰"环饼"，世疑"馓子"⑧也，或巧夕酥蜜食也。杜甫十月一日乃有"粔籹⑨作人情"之句，《广记》⑩则载于寒食事中。三者俱可疑。及考朱氏⑪注《楚辞》"粔籹蜜饵，有帐惶些⑫"，谓"以米面煎熬作之，寒具也"。以是知《楚辞》一句，自是三品：粔籹乃蜜面之干者，十月开炉，饼也；蜜饵乃蜜面少润者，七夕蜜食也；帐惶乃寒食寒具，无可疑者。闽人会姻名煎铺⑬，以糯粉和面，油煎，沃⑭以糖。食之不濯手，则能污物，且可留月余，宜禁烟用也。吾翁和靖先生⑮《山中寒食》诗云："方塘波静杜蘅⑯青，布谷提壶⑰已足听。有客初尝寒具罢，据梧⑱慵复散幽经⑲。"吾翁读天下书，和靖先生且服其和《琉璃堂图》事⑳，信乎，此为寒食具者矣。

注释：

①寒具：传统油炸面食，是寒食节的主要食品。贾思勰的《齐民要术》详细记载了三国、两晋、南北朝时期寒具的制作方法。具体做法是：用水和

面，搓成细条，扭结为环钏形状，油炸而成，酥脆香甜。

②桓玄：字敬道，东晋将领、权臣，大司马桓温之子。

③濯（zhuó）：洗涤。

④书帙（zhì）：书卷的外套，泛指书籍。

⑤污：弄脏，玷污。

⑥《要术》：即《齐民要术》，大约成书于公元533—544年间，是中国杰出农学家贾思勰所著的一部综合性农学著作，比较系统地总结了六世纪以前黄河中下游地区劳动人民农牧业生产经验、食品的加工与贮藏、野生植物的利用，以及治荒的方法，还介绍了季节、气候、土壤与农作物的关系。

⑦《食经》：作者崔浩，字伯渊，小名桃简，清河郡东武城（今山东省武城县西北）人，北魏杰出政治家、军事谋略家。

⑧巧夕：即七夕。农历七月七日之夜，古代妇女在此夜都要穿针乞巧，故有此称。

⑨粔籹（jù nǔ）：古代的一种食品。以蜜和面，搓成细条，绉之成束，扭作环形，用油煎熟，犹今之馓子。

⑩《广记》：即《太平广记》，宋代李昉等人奉宋太宗之命编纂。因成书于宋太平兴国年间，和《太平御览》同时编纂，所以叫作《太平广记》。是古代文言纪实小说的第一部总集。全书五百卷，是采录汉代至宋初的纪实故事及以道经、释藏等为主的杂著。

⑪朱氏：指朱熹，曾为《楚辞》作注，即《楚辞集注》。

⑫粔籹蜜饵，有伥惶（zhāng huáng）些：出自《楚辞·招魂》。东汉王逸注："粔籹，环饼也。伥惶，饧也。言以蜜和米面，熬煎作粔籹，捣黍作饵，又有美饧，众味甘美也。"

⑬馞（bù）：糖渍干果。

⑭沃：浇。

⑮和靖先生：即林逋，字君复，后人称之为和靖先生、林和靖，北宋著名隐逸诗人。林逋性孤高自好，喜恬淡，不趋荣利。后隐居西湖孤山，终身不仕不娶，唯喜植梅养鹤，自谓"以梅为妻，以鹤为子"。

⑯杜蘅（dù héng）：即杜衡，又名杜若、杜莲、若芝、楚蘅、山姜，是一种

香草，也是一味中药。

⑰提壶：鸟名，即鹈鹕。

⑱据梧：靠着梧桐木做的案几。

⑲幽经：指《相鹤经》。

⑳吾翁读天下书，和靖先生且服其和《琉璃堂图》事：此句吾翁、和靖
先生都指林逋，其意含混，似有错讹。《说郛》所收录的涵芬阁《山家清
供》："吾翁读天下书，攻愧先生且服其和琉璃堂应事。信乎，此为寒食具
矣。"此处所说攻愧先生，大略指楼钥，字大防，又字启伯，号攻媿主人，
明州鄞县（今浙江省宁波市）人。南宋大臣、文学家，楼璩第三子，著有
《攻媿集》。媿，是"愧"的异体字。

黄金鸡

李白诗①云："堂上十分绿醑②酒，杯中一味黄金鸡。"其
法：燖③鸡净洗，用麻油、盐水煮，入葱、椒。候熟，擘④钉，
以元汁⑤别供。或荐⑥以酒，则"白酒初熟、黄鸡正肥⑦"之乐
得矣。有如新法川炒等制，非山家不屑为，恐非真味也。或取人
字为有益，今益作人字，鸡恶伤类也。⑧每思茅容⑨以鸡奉母，
而以蔬奉客，贤矣哉！《本草》云：鸡，小毒⑩，补，治满⑪。

注释：

①李白诗：此诗不见于李白诗集。《宋艺圃集》卷十三收马存诗歌三首，其
中《邀月亭》一诗中有此诗句。

②醑（xǔ）：美酒。

③燖（xún）：已宰杀的动物用开水烫后去毛。

④擘（bò）：剖，分开。

⑤元汁：原汤汁。

⑥荐：进献。

⑦白酒初熟、黄鸡正肥：出自李白的诗歌《南陵别儿童入京》："白酒新熟
山中归，黄鸡啄黍秋正肥。"

⑧或取人字为有益，今益作人字，鸡恶伤类也：此句含混难解，上海古籍出版社2012年出版的《说郛三种》收录的《北山清供》中没有此句，疑为错讹。

⑨茅容：字季伟，陈留郡（今河南省开封市）人。东汉时期名士。《后汉书·郭太传》记载郭林宗曾经路过茅容家乡，适逢大雨，农夫们到树下避雨，众人都平蹲着面面相对，只有茅容正襟危坐。郭林宗看见后，对他与众不同的表现感到惊讶，于是同他交谈，并请求暂住他家。第二天早上，茅容杀鸡做成了菜，郭林宗认为是为他而做。茅容却只给母亲吃鸡，他自己只以蔬菜和郭林宗同食。郭林宗起身下拜说："卿太贤德了！"于是劝茅容读书，终于成就了德业。

⑩小毒：中药学术语，指药物的气味性能之猛烈程度最轻者。

⑪满：中医指郁闷、闭塞不畅等症状。

槐叶淘①

杜甫诗②云："青青高槐叶，采掇③付中厨。新面来近市，汁滓宛相俱。入鼎资过熟，加餐愁欲无。"即此见其法：于夏采槐叶之高秀者，汤少瀹，研细滤清，和面作淘，乃以醯④酱为熟齑，簇细茵⑤，以盘行之，取其碧鲜可爱也。末句云："君王纳凉晚，此味亦时须。"不惟见诗人一食未尝忘君，且知贵为君王，亦珍此山林之味。旨⑥哉，诗乎！

注释：

①淘：古代的过水面及凉面一类食品。

②杜甫诗：见杜甫诗歌《槐叶冷淘》。

③采掇：摘取。

④醯（xī）：醋。

⑤簇细茵：指在煮熟的、团在一起的面条上细细地倒上酱汁。

⑥旨：主旨。

地黄馎饦^①

崔元亮《海上方》："治心痛，去虫积^②，取地黄大者，净捣汁，和细面作馎饦，食之，出虫尺许，即愈。"正元^③间，通事舍人^④崔杭女作淘^⑤食之，出虫，如蟆状，自是心患除矣。《本草》："浮为天黄，半沉为人黄，惟沉者佳。宜用清汁，入盐则不可食。或净细截，和米煮粥，良有益也。"

注释:

①馎饦（bó tuō）：古代一种水煮的面食，类似于现今的煮面片。

②虫积：因肠道寄生虫引起的病，以饮食异常、脐腹疼痛、面黄肌瘦、面有虫斑为主要表现。

③正元：应作"贞元"，唐德宗年号（785—805）。

④通事舍人：官名，始于东晋，主要掌诏命及呈奏案章等事。

⑤作淘：这里指用地黄捣的汁和面做成面食。

梅花汤饼^①

泉^②之紫帽山^③有高人，尝作此供。初浸白梅、檀香末水，和面作馄饨皮，每一叠用五分铁凿^④如梅花样者凿取之，候煮熟，乃过^⑤于鸡清汁内。每客止^⑥二百余花，可想一食亦不忘梅。后留玉堂^⑦元刚亦有如诗："恍如孤山下，飞玉浮西湖。"

注释:

①汤饼：本为水煮的面食。南宋黄朝英《缃素杂记·汤饼》："余谓凡以面为食具者，皆谓之饼，故火烧而食者呼为烧饼，水瀹而食者呼为汤饼，笼蒸而食者呼为蒸饼。"

②泉：泉州，位于福建省东南。宋、元时为全国对外贸易中心，明以后因港口淤塞而逐渐衰微。

③紫帽山：位于福建省晋江市紫帽镇境内，与清源山、朋山、罗裳山号称

"泉州四大山"，因常有紫云覆顶，故名。

④五分铁凿：用铁制成的凿子，凿头形状如梅花，有五个花瓣形的分支。

⑤过：放入。

⑥止：只，仅仅。

⑦留玉堂：即留元刚，字茂潜，晚号云麓子，泉州晋江（今福建省泉州市）人。开禧元年（1205）举博学宏词科，累迁太子侍讲。著有诗文集《云麓集》，已散佚。

椿根馄饨

刘禹锡煮樗①根馄饨皮法：立秋前后，谓世多痢及腰痛。取樗根一大两握②，捣筛，和面，捻③馄饨如皂荚子④大，清水煮，日空腹服十枚，并无禁忌。山家良有客至，先供之十数，不惟有益，亦可少延⑤早食。椿实而香，樗疏⑥而臭，惟椿根可也。

注释：

①樗（chū）：臭椿。

②两握：双拳，即两手相握。

③捻：古同"捏"，用拇指和其他手指夹住。

④皂荚子：皂荚树的种子，可入药，具有润燥通便、祛风消肿等作用。

⑤延：推迟。

⑥疏：木质疏松。

玉糁①羹

东坡一夕与子由②饮，酣甚，捶③芦菔④烂煮，不用他料，只研白米为糁。食之，忽放箸⑤抚几⑥曰："若非天竺⑦酥酡⑧，人间决无此味。"

注释：

①糁（shēn）：碎米粒。

②子由：苏轼之弟苏辙，字子由，眉州眉山（今属四川省）人。嘉祐二年
（1057）与其兄苏轼同登进士科，唐宋八大家之一，与父苏洵、兄苏轼齐
名，合称"三苏"。

③捶：敲打。

④芦菔：萝卜。

⑤箸：筷子。

⑥几：案几，小桌子。

⑦天竺：中国古籍中对古印度的别称。

⑧酥酏：用乳酪制成的食品，被认为是色香俱全的美食。

百合面

春秋仲月①，采百合根，曝干，捣筛，和面作汤饼，最益
血气。又，蒸熟，可以佐酒。《岁时广记》②：二月种，法宜鸡
粪。《化书》③：山蚯化为百合，乃宜鸡粪。岂物类之相感耶？

注释：

①仲月：指农历每季的第二个月，即农历二、五、八、十一月。

②《岁时广记》：包罗南宋之前岁时节日资料的民间岁时记，按春、夏、
秋、冬四季，以节日为序，在叙述时博引诸书，取古证今，广列有关记
载，共四十卷，南宋陈元靓编。

③《化书》：道教著作，五代谭峭撰。共六卷，分道、术、德、仁、食、俭
六化，一百一十篇。该书认为世界根源于虚，虚与物是循环转化的关系，
识之就能进入"神可以不化，形可以不生"的永生境界。

栝蒌①粉

孙思邈②法：深掘大根，厚削至白，寸切，水浸，一日一

易③，五日取出。捣之以力，贮以绢囊④，滤为玉液，候其干矣，可为粉食。杂粳为糜⑤，翻匙⑥雪色，加以乳酪，食之补益。又方：取实，酒炒微赤，肠风血下⑦，可以愈疾。

注释：

①栝蒌（guā lóu）：即栝楼，一种攀缘植物，夏秋开白花，其果由青绿变黄褐，大如鹅蛋，含糖量较高，曰蒌仁，可入药，有润肺止咳、清热化痰之功效，主治咳嗽痰多、胸痹肋痛、大便燥结等症。其块根一般于秋冬时掘出，切片入药，断面洁白如霜，曰"天花粉"。

②孙思邈：京兆华原（今陕西省铜川市耀州区）人，唐代医药学家、道士，被后人尊称为"药王"。

③易：换。

④绢囊：用丝绢做成的袋子。

⑤糜（mí）：粥；像粥一样的食物。

⑥翻匙：用勺子舀动。

⑦肠风血下：也叫肠风下血，中医病名，见《太平圣惠方》卷六十。肠风为便血的一种，指外风从肠胃经络而入害，或内风因肝木过旺而下乘，故曰肠风。其证便前出血如注，颜色鲜红，肛门不肿痛，或见腹痛、肠鸣。常用凉血泻热、息风宁血法治疗。

素蒸鸭（又云卢怀谨事）

郑余庆①召亲朋食。敕令②家人曰："烂煮去毛，勿拗③折项④。"客意⑤鹅鸭也。良久，各蒸葫芦一枚耳。今岳倦翁⑥珂《书食品付庖者》诗云："动指不须占染鼎，去毛切莫拗蒸壶。"岳，勋阅阀⑦也，而知此味，异哉！

注释：

①郑余庆：字居业，郑州荥阳（今河南省荥阳市）人。是唐朝著名的宰相。

②敕（chì）令：吩咐，命令。

③拗：折断。

④项：脖子。

⑤意：料想，猜想。

⑥岳倦翁：岳珂，岳飞之孙。字肃之，号亦斋，晚号倦翁。

⑦勋阅阀：指功勋卓著的名门。勋，特殊功劳，有勋功。阅，功绩。阀，指仕宦门第、名门巨室。

黄精①果　饼茹

　　仲春②，深采根，九蒸九曝，捣如饴③，可作果食④。又，细切一石⑤，水二石五升，煮去苦味，漉入绢袋压汁，澄⑥之，再煮如膏，以炒黑豆黄为末作饼约二寸大。客至，可供二枚。又，采苗，可为菜茹⑦。隋羊公⑧服法：芝草之精也，一名仙人余粮。其补益可知矣。

注释：

①黄精：多年生草本植物，又名鸡头黄精、黄鸡菜、笔管菜、爪子参、老虎姜、鸡爪参，为黄精属植物，根茎横生，圆柱状，节膨大。药用植物，具有补脾益气、润肺生津的作用。以根茎入药，有补益作用，素为养生家所珍视。

②仲春：春季的第二个月，即农历二月。

③饴：本义为饴糖，用麦芽制成的糖。此指类似糖浆的稠状物。

④果食：以油、面、糖蜜所制造的香脆可口的点心，花样繁多。旧时属于七夕应节的食品。

⑤石：量词，为容量单位，十斗为一石。

⑥澄（dèng）：使液体里的杂质沉下去。

⑦菜茹：菜蔬。

⑧隋羊公：原文为"隋公羊"，此处或有错讹。《本草纲目·草部》"黄精"条载："颂曰：隋时羊公服黄精法云：黄精是芝草之精也，一名葳蕤，

一名白芨，一名仙人余粮。"据改。

傍林鲜

　　夏初，林笋盛时，扫叶就竹边煨熟，其味甚鲜，名曰"傍林鲜"。文与可①守临川，正与家人煨笋午饭，忽得东坡书，诗②云："想见清贫馋太守，渭川千亩在胸中。"不觉喷饭满案，想作此供也。大凡③笋贵甘鲜，不当与肉为友。今俗庖④多杂以肉，不才有小人，便坏君子？"若对此君成大嚼，世间那有扬州鹤⑤"，东坡之意微⑥矣。

注释：

①文与可：即文同，字与可，自号笑笑先生，人称石室先生。北宋梓州永泰（今四川省盐亭县东）人。文与可和苏轼是表兄弟，学识渊博，擅诗文书画，深为文彦博、司马光等人赞许，尤受苏轼敬重。

②诗：指苏轼《和文与可洋川园池三十首·筼筜谷》。

③大凡：大多数。

④俗庖：世俗的厨子。

⑤若对此君成大嚼，世间那有扬州鹤：见苏轼《于潜僧绿筠轩》一诗："可使食无肉，不可居无竹。无肉令人瘦，无竹令人俗。人瘦尚可肥，士俗不可医。旁人笑此言，似高还似痴。若对此君仍大嚼，世间那有扬州鹤？"此君，指竹子，用晋王徽之典故。王徽之酷爱竹子，有一次借住在朋友家，立即命人来种竹，人问其故，徽之说："何可一日无此君。"扬州鹤，语出《殷芸小说》："有客相从，各言所志：或愿为扬州刺史，或愿多资财，或愿骑鹤上升，其一人曰：'腰缠十万贯，骑鹤上扬州。'欲兼三者。"扬州鹤即指兼得升官、发财、成仙的十全十美理想，讽刺鄙俗之人的贪婪妄想。

⑥微：精妙，微妙。

雕胡饭

　　雕菰①，叶似芦，其米黑，杜甫故有"波翻菰米沉云黑②"
之句，今胡穄③是也。曝干，砻④洗，造饭既香而滑。杜诗又
云："滑忆雕菰饭⑤。"又，会稽⑥人顾翱⑦，事母孝著。母嗜⑧雕
菰饭，翱常自采撷。家住太湖，后湖中皆生雕菰，无复余草，
此孝感也。世有厚于己，薄于奉亲者，视此宁无愧乎？呜呼！
孟笋王鱼⑨，岂有偶然哉。

注释：

①雕菰（gū）：多年生草本植物，生长在池沼里，地下茎白色，地上茎直
立，开紫红色小花。嫩茎的基部经黑粉菌寄生后膨大，即平时食用的茭
白。果实呈狭圆柱形，名"菰米"，又称"雕胡米"，可以用来做饭。

②波翻菰米沉云黑：出自杜甫《秋兴八首·其七》："波漂菰米沉云黑，露
冷莲房坠粉红。"

③胡穄（jì）：一年生草本植物，形状和黍子相似，但将实煮熟后不黏，又
名"糜子"。

④砻（lóng）：去掉稻壳的农具，形状略像磨，多以木头制成。在此指用砻
给雕菰米脱去外皮。

⑤滑忆雕菰饭：见杜甫《江阁卧病走笔寄呈崔卢两侍御》："滑忆雕胡饭，
香闻锦带羹。"

⑥会稽（kuài jī）：古地名，今浙江绍兴一带。

⑦顾翱：会稽人，以孝顺母亲闻名。《西京杂记》卷五记载："顾翱少失
父，事母，母好食雕胡饭，常帅子女躬自采撷，还家，导水凿川供养，每
有盈储。家近太湖，湖中乃生雕胡，无复杂草，虫鸟不敢至焉，遂得以为
养。郡县表其闾舍。"

⑧嗜：酷爱。

⑨孟笋王鱼：指孟宗、王祥孝顺的典故。《楚国先贤传》记载："宗母嗜
笋，冬节将至。时笋尚未生，宗入竹林哀叹，而笋为之出，得以供母，皆
以为至孝之所致感。累迁光禄勋，遂至公矣。"《晋书·王祥传》记载："王

祥，字休征，琅邪临沂人……祥性至孝。早丧亲，继母朱氏不慈，数谮之，由是失爱于父。每使扫除牛下，祥愈恭谨。父母有疾，衣不解带，汤药必亲尝。母常欲生鱼，时天寒冰冻，祥解衣将卧冰求之，冰忽自解，双鲤跃出，持之而归。"

锦带羹

锦带①者，又名文官花也。条生如锦。叶始生，柔脆可羹，杜甫诗有"香闻锦带羹"之句。或谓莼②之萦纡③如带，况莼与菰同生水滨。昔张翰④临风，必思莼鲈以下气。按《本草》：莼鲈同羹，可以下气止呕。以是，知张翰在当时意气抑郁，随事呕逆，故有此思耳，非莼鲈而何。杜甫卧病江阁，恐同此意也。谓锦带为花，或未必然。仆居山时，因见有羹此花者，其味亦不恶。注谓"吐绶鸡"⑤，则远矣。

注释：

①锦带：一种落叶直立灌木，花色错杂如织锦，有"锦带"之称。

②莼（chún）：莼菜。

③萦纡（yíng yū）：盘旋环绕。

④张翰：字季鹰，性格豪放不拘。西晋文学家。《世说新语·识鉴》载："张季鹰辟齐王东曹掾，在洛见秋风起，因思吴中菰菜羹、鲈鱼脍，曰：'人生贵得适意尔，何能羁宦数千里以要名爵！'遂命驾便归。俄而齐王败，时人皆谓为见机。""莼鲈之思"也就成了思念故乡的代名词。

⑤吐绶鸡：即火鸡，头部有红色肉质突起，羽毛有黑、白、深黄等色。也叫"真珠鸡""七面鸟"。

煿①金煮玉

笋取鲜嫩者，以料物和薄面，拖油煎，煿如黄金色，甘脆可爱。旧游莫干②，访霍如庵③正夫，延④早供⑤。以笋切作方片，和白米煮粥，佳甚。因戏之曰：此法制惜⑥气也。济颠⑦《笋疏》云："拖油盘内煿黄金，和米铛⑧中煮白玉。"二者兼得之矣。霍北司，贵分⑨也，乃甘山林之味，异哉！

注释：

①煿：同"爆"，油炸菜肴。

②莫干：莫干山，为天目山之分支，位于今浙江省北部德清县西北。相传春秋末年，吴王阖闾派干将、莫邪在此铸剑，因而得名。

③霍如庵：宋朝诗人，也是后文所说的霍北司。

④延：邀请。

⑤早供：早饭。

⑥惜：爱惜，节省。

⑦济颠：指宋代僧人道济，即民间传说中俗称的"济公"。台州（今浙江省临海市）人，俗姓李，剃度于杭州灵隐寺。

⑧铛（chēng）：铁锅的一种。底平而浅，多用于烙饼、炒菜。

⑨分：社会中所处的地位。

土芝①丹

芋，名土芝。大者，裹以湿纸，用煮酒和糟②涂其外，以糠皮火煨③之，候香熟，取出，安坳地④内，去皮温食。冷则破血，用盐则泄精。取其温补，名"土芝丹"。昔懒残师⑤正煨此牛粪火中，有召者，却之曰："尚无情绪收寒涕⑥，那得工夫伴俗人。"又山人诗云："深夜一炉火，浑家团栾坐⑦。煨得芋头熟，天子不如我。"其嗜好可知矣。

小者，曝干入瓮，候寒月，用稻草盦熟，色香如栗，名"土栗"。雅宜山舍拥炉之夜供。赵两山汝涂诗云："煮芋云生钵，烧茅雪上眉。"盖得于所见，非苟^⑧作也。

注释：

①土芝：芋头的别名。

②糟（zāo）：做酒剩下的渣滓。

③煨（wēi）：在带火的灰里烧熟东西。

④坳（ào）地：低凹的地上。

⑤懒残师：晚唐袁郊撰写的传奇小说《甘泽谣》中的人物，名明攒，是唐天宝年初衡岳寺的一名执役僧。白天干杂活，晚上睡牛棚。他天性慵懒，每每在僧众集体劳作的时候，独自晏坐，经常被呵斥责骂，却毫无愧耻之意。每到吃饭的时候，他就把大家吃剩的饭菜都收到一个瓦罐里，热一热，然后吃掉。因此得到"懒残"的绰号。

⑥寒涕：受寒流鼻涕。

⑦团栾（luán）坐：团团围坐。栾同"圞"。

⑧苟：随便，马虎，不审慎。

柳叶韭

　　杜诗"夜雨剪春韭^①"，世多误为剪之于畦^②，不知剪字极有理。盖于炸时必先齐其本^③，如烹薤^④，"圆齐玉箸头^⑤"之意。乃以左手持其末，以其本竖汤内，少剪其末。弃其触也。只炸^⑥其本，带性^⑦投冷水中，取出之，甚脆。然必竹刀截之。韭菜嫩者，用姜丝、酱油、滴醋拌食，能利小水^⑧，治淋闭^⑨。

注释：

①夜雨剪春韭：见杜甫诗《赠卫八处士》："夜雨剪春韭，新炊间黄粱。"

②畦（qí）：有土埂围着的一块块排列整齐的田地。

③本：根部。

④薤（xiè）：多年生草本植物，地下有鳞茎，叶子细长，花紫色。嫩叶、鳞茎可食用。

⑤圆齐玉箸头：见杜甫诗《秋日阮隐居致薤三十束》："隐者柴门内，畦蔬绕舍秋。盈筐承露薤，不待致书求。束比青刍色，圆齐玉箸头。衰年关鬲冷，味暖并无忧。"

⑥炸：把食物放入沸油里弄熟。此处指放入热水中焯一下。

⑦带性：保持韭菜的鲜脆。

⑧小水：中医学中对小便的称呼。

⑨淋闭：指小便不利。

松黄①饼

　　暇日②，过大理寺③，访秋岩陈评事介④。留饮。出二童，歌渊明《归去来辞》，以松黄饼供酒。陈角巾⑤美髯，有超俗之标⑥。饮边味此，使人洒然⑦起山林之兴，觉驼峰、熊掌⑧皆下风矣。春末，采松花黄和炼熟蜜⑨，匀作如古龙涎⑩饼状，不惟香味清甘，亦能壮颜益志，延永纪筭⑪。

注释：

①松黄：即松花。

②暇日：空闲的日子。

③大理寺：南北朝到清代的最高审判机关。北齐设大理寺，后世皆相沿。

④陈评事介：评事，官职名，属大理寺。陈介，南宋人，进士出身。

⑤角巾：指有棱角的头巾。相传东汉名士郭林宗外出遇雨，头巾被淋湿，角巾的一角陷下，时人见之纷纷效仿而形成风气。

⑥标：风度，格调。

⑦洒然：欣然，畅快。

⑧驼峰、熊掌：皆属于饮食"八珍"，借指难得的珍奇美味。

⑨炼熟蜜：经过熬炼的蜜。制作中药蜜丸所用蜂蜜须经炼制后方能使用，其目的是除去其中的杂质，蒸发部分水分，破坏酵素，杀死微生物，增强黏合力。

⑩龙涎：抹香鲸胃部的分泌物，类似结石。从鲸体内排出，漂浮于海面或被冲上海岸。为黄、灰乃至黑色的蜡状物质，香气持久，是极名贵的香料。

⑪延永纪筭（suàn）：延年益寿。筭，古"算"字，即计算。

酥琼①叶

宿②蒸饼，薄切，涂以蜜，或以油，就火上炙③。铺纸地上，散火气。甚松脆，且止痰化食。杨诚斋④诗云："削成琼叶片，嚼作雪花声⑤。"形容尽善矣。

注释：

①琼：美玉。

②宿：隔夜的。

③炙（zhì）：用火烤。

④杨诚斋：即杨万里，字廷秀，书房名"诚斋"，故以其为号。吉州吉水（今属江西省）人。南宋著名诗人，其诗初学江西诗派，后转以王安石及晚唐诗为宗，形成了一种新鲜活泼的诗体"诚斋体"，著有《诚斋集》。

⑤削成琼叶片，嚼作雪花声：见杨万里《炙蒸饼》。

元修菜

东坡有故人巢元修菜诗①云。每读"豆荚圆而小，槐芽细而丰"之句，未尝不置搜畦陇②间，必求其是。时询诸老圃③，亦罕④能道者。一日永嘉郑文干归自蜀，过梅边，有叩⑤之，答曰："蚕豆，即弯豆⑥也。蜀人谓之巢菜⑦，苗叶嫩时可采，以为茹。择洗，用真麻油熟炒，乃下盐、酱煮之。春尽，苗叶老，则不可食。"坡所谓"点酒下盐豉，缕橙芼姜葱⑧"者，正庖法⑨也。君子耻一物不知⑩，必游历久远，而后见闻博。读坡诗二十年，一日得之，喜可知矣。

注释:

①巢元修菜诗:指苏轼《元修菜》一诗,前有小序云:"菜之美者,有吾乡之巢。故人巢元修嗜之,余亦嗜之。元修云:'使孔北海见,当复云吾家菜耶?'因谓之元修菜。余去乡十有五年,思而不可得。元修适自蜀来,见余于黄,乃作是诗,使归致其子,而种之东坡之下云。"

②陇(lǒng):古同"垄",指田地分界处高起的土埂。

③老圃:老菜农。

④罕(hǎn):稀少。

⑤叩:探问,询问。

⑥弯豆:此处疑为"豌豆"误笔。

⑦巢菜:野豌豆,古称薇。

⑧点酒下盐豉,缕橙芼姜葱:即文首所提苏轼《元修菜》中的诗句。说的是把采摘的野豌豆蒸煮熟,加少许酒,与豆豉、橙丝、姜、葱拌匀,其味比肉还鲜美。

⑨庖法:烹调的方法。

⑩君子耻一物不知:君子以某一事不知而为耻。

紫英菊

　　菊,名治蔷①,《本草》名节花,陶注②云:"菊有二种,茎紫,气香而味甘,其叶乃可羹;茎青而大,气似蒿而苦,若薏苡③,非也。"今法:春采苗、叶,略炒,煮熟,下姜、盐,羹之,可清心明目,加枸杞叶尤妙。天随子④《杞菊赋》⑤云:"尔杞未棘⑥,尔菊未莎⑦。其如予何⑧。"《本草》:"其杞叶似榴而软者,能轻身益气。其子圆而有刺者,名枸棘,不可用。"杞菊,微物⑨也,有少差⑩,尤不可用。然则,君子小人,岂容不辨哉!

注释：

①治蔷：《尔雅·释草》："鞠，治蔷。"郭璞注："今之秋华菊。"《神农本草经》："菊华，一名节华。味苦平，生川泽。治风头、头眩肿痛、目欲脱、泪出、皮肤死肌、恶风湿痹。久服利血气，轻身耐老延年。"

②陶注：指陶弘景所作《本草经集注》。

③薏苡（yì yǐ）：植物名，一年生或多年生草本植物，茎直立，叶细长披针形，颖果椭圆形，灰白色。果仁叫薏米，含淀粉，供食用、酿酒，并入药。茎叶可作造纸原料。

④天随子：唐代诗人陆龟蒙的别号。陆龟蒙，字鲁望，自号江湖散人、甫里先生。

⑤《杞菊赋》：全诗如下："惟杞惟菊，偕寒互绿。或颖或苔，烟披雨沐。我衣败绨，我饭脱粟。羞惭齿牙，苟且粱肉。蔓衍骈罗，其生实多。尔杞未棘，尔菊未莎。其如予何！其如予何！"

⑥尔杞未棘（jí）：指枸杞还没生长出芒刺。棘，泛指有芒刺的草木。

⑦尔菊未莎：指菊花还没凋谢。莎，花叶脱落，凋谢。

⑧其如予何：能把我怎么样？其，表示反问的虚词。如……何：把……怎么样。

⑨微物：低微平凡之物。

⑩差：差别。

银丝供

张约斋①镃，性喜延②山林湖海之士。一日午酌，数杯后，命左右作银丝供，且戒③之曰："调和教好，又要有真味。"众客谓：必脍④也。良久，出琴一张，请琴师弹《离骚》⑤一曲，众始知银丝乃琴弦也。调和教好，调和琴也。又要有真味，盖取陶潜⑥"琴书中有真味"之意也。张，中兴勋家⑦也，而能知此真味，贤矣哉！

注释：

①张约斋：张镃，号约斋居士。南宋文学家。出身显赫，为宋南渡名将张俊曾孙、刘光世外孙。他又是宋末著名诗词家张炎的曾祖。

②延：邀请。

③戒：叮嘱，告诫。

④鲙（kuài）：同"脍"，切得很细的鱼或肉。

⑤《离骚》：战国时大诗人屈原的诗作，是古代诗歌史上最长的一首浪漫主义抒情诗。这里指的是古琴名曲，由晚唐陈康士根据屈原《离骚》而作。曲谱最早见于《神奇秘谱》。原曲为九段，后人衍为十八段。

⑥陶潜：陶渊明，名潜，字渊明，又字元亮，自号"五柳先生"，私谥"靖节"，世称"靖节先生"。东晋诗人、辞赋家。

⑦中兴勋家：张镃系宋名臣张俊曾孙，故曰中兴勋家。勋家，功勋卓著的名门之家。

凫茨①粉

凫茨粉，可作粉食，其滑甘异于他粉。偶天台陈梅庐见惠②，因得其法。凫茨，《尔雅》③一名芍。郭④云：生下田，似曲龙而细，根如指头而黑。即荸荠也。采以曝干，磨而澄滤之，如绿豆粉法。后读刘一止⑤《非有类稿》，有诗云："南山有蹲鸱⑥，春田多凫茨。何必泌之水，可以疗我饥。"信乎，可以食矣。

注释：

①凫茨（fú cí）：也叫凫茈、荸荠、黑三棱、地栗，多年生草本植物，种于水田中。地下茎为扁圆形，表面呈黑褐色或红褐色。肉白色，可食。（根）甘、微寒、滑、无毒，主治大便下血。

②惠：感谢别人的谦辞。

③《尔雅》：我国最早的一部解释词义的专著，也是第一部按照词义系统和

事物分类来编纂的词典。"尔雅"的意思是接近、符合雅言，即以雅正之言解释古语词、方言词。

④郭：指郭璞，字景纯，河东闻喜（今属山西省）人，西晋建平太守郭瑗之子。东晋著名学者、文学家和训诂学家，曾注释《尔雅》等古籍。

⑤刘一止：字行简，号太简居士，湖州归安（今属浙江省）人。为文敏捷，博学多才，著有《苕溪集》。

⑥蹲鸱（dūn chī）：大芋头，因状如蹲伏的鸱鸟得名。鸱，指鹞鹰。

檐卜①煎（又名端木煎）

旧访刘漫塘②宰，留午酌，出此供，清芳，极可爱。询之，乃栀子花也。采大瓣者，以汤焯过，少干，用甘草水稀，稀面拖，油煎之，名"檐卜煎"。杜诗云："于身色有用，与道气相和③。"今既制之，清和之风备矣。

注释：

①檐卜（yán bǔ）：即栀子花。《神农本草经》中记载："栀子，味苦，寒。治五内邪气、胃中热气、面赤酒疱皶鼻、白癞、赤癞、疮疡。"

②刘漫塘：刘宰，字平国，镇江金坛（今属江苏省）人。绍熙元年（1190）进士。隐居三十年，于书无所不读。为文淳古质直，著有《漫塘文集》三十六卷。

③于身色有用，与道气相和：出自杜甫《江头四咏·栀子》一诗。宋代王十朋有《薝卜》一诗："禅友何时到，远从毗舍园。妙香通鼻观，应悟佛根源。"在此诗中，栀子花被称为"禅友"，其香气可以让人心意澄明、了悟大道。因此说栀子的香味和修道契合。

蒿蒌菜　蒿鱼羹

旧客江西林山房书院，春时，多食此菜。嫩茎去叶，汤焯，用油、盐、苦酒沃①之为茹，或加以肉臊，香脆，良可爱。后归京师，春辄思之。偶与李竹野制机伯恭邻，以其江西人，因问之。李云：《广雅》^②名蒌，生下田，江西用以羹^③鱼。陆《疏》^④云：叶似艾，白色，可蒸为茹。即《汉广》言茹即刈其蒌之矣。山谷诗云："蒌蒿数箸玉簪横。"及证以诗注，果然。李乃怡轩之子，尝从西山^⑤问宏词^⑥法，多识草木，宜矣。

注释：

①沃：浸泡。

②《广雅》：成书于三国魏明帝太和年间，是一部仿照《尔雅》体裁编纂的训诂学汇编集，取材的范围要比《尔雅》广泛，因此取名为《广雅》，就是增广《尔雅》的意思。

③羹：煮羹，即煮成羹汤。

④陆《疏》：指陆玑所著的《毛诗草木鸟兽虫鱼疏》，是一部专门对《诗经》中提到的动植物进行注解的著作，因此有人称它是"中国第一部有关动植物的专著"。全书共记载草本植物80种、木本植物34种、鸟类23种、兽类9种、鱼类10种、虫类18种。书中对每种动物或植物不仅记录了名称（包括各地方的异名），而且描述了形状和应用价值。

⑤西山：南宋隆兴初宁国县人虞蟠，字国器。为人倜傥尚气节，具有高士风，不求仕进，隐逸西山，号西山处士。

⑥宏词：科举考试科目之一，始于唐，宋朝亦沿用。

玉灌肺

真粉、油饼、芝麻、松子、核桃去皮，加莳萝^①少许，白糖、红曲少许，为末，拌和，入甑^②蒸熟，切作肺样块子，用辣汁供。今后苑^③名曰：御^④爱玉灌肺，要之^⑤，不过一素供耳。然，以此见九重^⑥崇俭不嗜杀之意，居山者岂宜侈乎？

注释：

①莳萝：又叫"土茴香"。一年生或二年生草本植物，果实椭圆形，可用以调味，亦可入药，具有健脾开胃之功效。

②甑（zèng）：古代蒸饭的一种器具。底部有许多透蒸气的孔格，置于鬲（lì）上蒸煮，如同现代的蒸锅。

③后苑：指宫中御厨。

④御：对帝王所作所为及所用物的敬称。

⑤要之：总之。

⑥九重：指代帝王。

进贤菜 苍耳饭

苍耳，枲耳①也，江东②名上枲，幽州③名爵耳，形如鼠耳。陆玑《疏》云："叶青白色，似胡荽，白华④细茎，蔓生。采嫩叶洗焯，以姜、盐、苦酒拌为茹，可疗风。"杜诗⑤云："苍耳况疗风，童儿且时摘。"《诗》之《卷耳》⑥首章云："嗟我怀人，置彼周行⑦。"酒醴⑧，妇人之职。臣下勤劳，君必劳之，因采此而有所感念。又酒醴之用，以此见古者后妃，欲以进贤之道讽其上，因名"进贤菜"。张氏⑨诗曰："闺闱⑩诚难与国防，默嗟徒御困高冈。觥罍⑪欲解痡瘏⑫恨，采耳元因备酒浆。"其子可杂米粉为糗⑬，故古诗有"碧涧水淘苍耳饭"之句云。

注释：

①枲（xǐ）耳：即苍耳。

②江东：古代指长江下游芜湖、南京以下的南岸地区，也泛指长江下游地区。

③幽州：古"九州"之一。《周礼·夏官·职方氏》："东北曰幽州。"《尔雅·释地》："燕曰幽州。""燕"指战国燕地，即今北京市、河北北部及辽宁一带。

④华：通假字，通"花"。

⑤杜诗：指杜甫《驱竖子摘苍耳》。

⑥《卷耳》：《诗经·国风·周南》中的诗篇，是一篇抒发怀人情感的诗作，写一位女子在采集卷耳的劳动中想起了她远行在外的丈夫，想象他在外经历险阻的各种情况。

⑦周行（háng）：环绕的道路，特指大道。

⑧醴（lǐ）：甜酒。

⑨张氏：指宋代大儒张载，文中引诗名《卷耳解》。

⑩阃（kǔn）：借指妇女。

⑪罍（léi）：古代一种盛酒的容器。小口，广肩，深腹，圈足，有盖，多用青铜或陶制成。

⑫痡瘏（pū tú）：疲病。出自《诗经·周南·卷耳》："我马瘏矣，我仆痡矣。"

⑬糗（qiǔ）：干粮。

山海兜①

　　春采笋、蕨之嫩者，以汤瀹过。取鱼虾之鲜者，同切作块子②。用汤泡，裹蒸熟，入酱油、麻油、盐，研胡椒同绿豆粉皮拌匀，加滴醋。今后苑多进此，名"虾鱼笋蕨兜"。今以所出不同，而得同于俎豆③间，亦一良遇也，名山海兜。或即羹以笋、蕨，亦佳。许梅屋④棐诗云："趁得山家笋蕨春，借厨烹煮自吹薪。倩谁分我杯羹去，寄与中朝食肉人⑤。"

注释：

①兜：本义是口袋，在这里指宋朝一种流行的菜肴，即用豆腐皮或者粉皮、面皮等把切碎的馅儿料包裹起来蒸制食用，类似包子。

②块子：小块，小丁。

③俎（zǔ）豆：俎和豆。古代祭祀、宴飨时盛食物用的两种器物。

④许梅屋：许棐（fěi），字枕父，自号梅屋。海盐（今属浙江省）人。南
宋嘉熙年间，隐居秦溪。著有《献丑集》《梅屋诗余》。

⑤食肉人：指高官厚禄者。亦泛指做官的人。

拨霞供

　　向①游武夷六曲，访止止师，遇雪天，得一兔，无庖人可
制。师云："山间只用薄批②，酒、酱、椒料沃之，以风炉安
座上，用水少半铫③，候汤响，一杯后，各分以箸，令自夹入
汤，摆④熟啖之，乃随宜各以汁供。"因用其法，不独易行，且
有团栾热暖之乐。越⑤五六年，来京师，乃复于杨泳斋⑥伯岩席
上见此，恍然去武夷如隔一世。杨，勋家，嗜古学而清苦者，
宜此山家之趣。因诗之："浪涌晴江雪，风翻晚照霞。"末云：
"醉忆山中味，都忘贵客来。"猪、羊皆可。《本草》云：兔肉
补中，益气。不可同鸡食。

注释：

①向：从前。

②批：剖，削。

③铫（diào）：烧水、熬东西用的器具。

④摆：左右摆动，即"涮"。

⑤越：过了。

⑥杨泳斋：杨伯岩，字彦瞻，号泳斋，南宋人。宋理宗淳祐年间，以工部
郎守衢州。有《六帖补》二十卷、《九经韵补》一卷行世。

骊塘羹

　　曩①客危②骊塘书院，每食后，必出茶汤，青白极可爱。
饭后得之，醍醐③甘露未易及此。询庖者，只用菜与芦菔，细

切，以井水煮之，烂为度。初无他法，后读东坡诗，亦只用蔓青④、菜、菔而已。诗⑤云："谁知南岳老，解作东坡羹。中有芦菔根，尚含晓露清。勿语贵公子，从渠⑥嗜膻腥⑦。"以此可想二公之嗜好矣。今江西多用此法者。

注释：

①曩（nǎng）：从前。

②危：危稹，南宋文学家、诗人。原名科，字逢吉，自号巽斋，又号骊塘。抚州临川（今属江西省）人。

③醍醐（tí hú）：此处比喻美酒。

④蔓青：即蔓菁（mán jing），又名芜菁。十字花科，一年生或二年生草本植物，直根肥大，质较萝卜致密，有甜味，呈扁球形或长形；主要为白色，也有上部绿或紫而下部白色者，更有紫、黄等色。

⑤诗：指苏轼《狄韶州煮蔓菁芦菔羹》一诗。

⑥从渠：任由他们。渠，方言，他。

⑦膻腥（shān xīng）：泛指鱼肉类食物。

真汤饼

翁瓜圃①访凝远居士，话间命仆："作真汤饼来。"翁曰："天下安有'假汤饼'？"及见，乃沸汤炮②油饼，一人一杯耳。翁曰："如此，则汤炮饭，亦得名真炮饭乎？"居士曰："稼穑③作，苟无胜食气④者，则真矣。"

注释：

①翁瓜圃：翁卷，南宋诗人，字续古，一字灵舒。永嘉（今浙江省温州市）人，与赵师秀、徐照、徐玑并称为"永嘉四灵"，其中翁卷最年长。由于一生仅参加过一次科举考试，且未及第，他一生都为布衣。

②炮（bāo）：一种烹调方法。将鱼、肉片等放在锅或铫中，置于旺火上迅

速搅拌。

③稼穑（jià sè）：种植与收割，泛指农业劳动。

④胜食气：食用时肉食的量不要超过粮食。

沆瀣①浆

雪夜，张一斋饮客。酒酣，簿书②何君时峰出沆瀣浆一瓢，与客分饮，不觉酒，客为之洒然。客问其法，谓："得于禁苑③，止用甘蔗，白萝菔，各切方块，以水烂煮而已。"盖④蔗能化酒，萝菔能消食也，酒后得此，其益可知也。《楚辞》有"蔗浆"，恐只此也。

注释：

①沆瀣（hàng xiè）：夜间的水汽、露水，据说是仙人的饮料。

②簿书：本指官署中的文书簿册，这里指管理簿书的官员。

③禁苑：指帝王宫殿。

④盖：连词，承接上文，表示原因或理由。

神仙富贵饼

白术①用切片子，同石菖蒲②煮一沸，曝干为末，各四两，干山药为末三斤，白面三斤，白蜜炼过三斤，和作饼，曝干收。候客至，蒸食，条切。亦可羹。章简公诗云："术荐神仙饼，菖蒲富贵花。"

注释：

①白术：药用植物，多以根茎入药。具有健脾益气、利水化湿、止汗的功效。

②石菖蒲：多年生水生草本，有香气。根茎可入药。其性微温，味辛，具有开窍、豁痰、理气、活血、散风、去湿的功效。

香圆①杯

谢益斋②奕礼不嗜酒，常有"不饮但能著醉③"之句。一日，书余琴罢，命左右剖香圆作二杯，刻以花，温上所赐酒④以劝客。清芬蔼然⑤，使人觉金樽玉斝⑥皆埃壒⑦之矣。香圆，似瓜而黄，闽南一果耳。而得备京华鼎贵⑧之清供⑨，可谓得所矣。

注释：

①香圆：即香橼。宋代韩彦直于《橘录》"香圆"一节中写道："香圆木似朱栾，叶尖长，枝间有刺，植之近水乃生。其长如瓜，有及一尺四五寸者，清香袭人。横阳多有之，士人置之明窗净几间，颇可赏玩。"

②谢益斋：谢奕礼，号益斋，南宋中期宰相谢深甫的孙子。官至少保、节度使、开府仪同三司，封秦国公，后又追封润王。

③著醉：显现出醉的样子。

④上所赐酒：皇帝所赐御酒。

⑤蔼然：此处形容香气浓郁。

⑥斝（jiǎ）：盛酒的器具。

⑦埃壒（ài）：犹尘土。

⑧鼎贵：指显赫尊贵之人。

⑨清供：犹清玩，即清雅的可供把玩之物。

蟹酿橙

橙用黄熟大者，截顶①，剜去穰②，留少液，以蟹膏肉实③其内，仍以带枝顶覆④之，入小甑，用酒醋水蒸熟，用醋、盐供食，香而鲜，使人有新酒菊花、香橙螃蟹之兴。因记危巽斋积赞蟹云："黄中通理，美在其中，畅于四肢，美之至也。"此本诸《易》⑤，而于蟹得之矣，今于橙蟹又得之矣。

注释：

①截顶：将橙子顶部切开。

②穰（ráng）：同"瓤"。

③实：充满，塞满。

④覆：遮盖，覆盖。

⑤本诸《易》：源自《周易》。

莲房①鱼包

　　将莲花中嫩房去穰截底，剜穰，留其孔，以酒、酱、香料加活鳜鱼块实其内，仍以底坐甑内蒸熟。或中外涂以蜜，出碟②，用渔父三鲜供③之。三鲜，莲、菊、菱汤齑也。向在李春坊席上曾受此供，得诗云："锦瓣金蕤织几重，问鱼何事得相容。涌身既入莲房去，好度华池独化龙④。"李大喜，送端砚⑤一枚，龙墨⑥五笏⑦。

注释：

①莲房：莲蓬。莲花开过后的花托，呈倒圆锥形，有许多小孔，各孔分隔如房，故名。

②碟：放在碟子中。

③供：供奉给宾客。

④涌身既入莲房去，好度华池独化龙：指阿修罗逃入藕孔之中的故事。阿修罗在佛教中是六道之一，是欲界天中半神半人的大力神。《观佛三昧海经》记载，阿修罗族易怒好斗，骁勇善战，与帝释天争斗不休。后来在和帝释天的战斗中被打败，不得不躲藏进莲藕的孔中。

⑤端砚：中国四大名砚之一，历史悠久，石质优良，雕刻精美，产于广东肇庆一带。

⑥龙墨：雕刻着龙图案的墨。

⑦笏（hù）：本指古代朝见君主时大臣所执的狭长板子。这里做量词，犹言"块"。

玉带羹

春坊赵莼湖璧，茅行泽雍亦在焉。论诗把酒及夜，无可供者。湖曰："吾有镜湖之莼。"泽曰："雍有稽山①之笋。"仆笑："可有一杯羹矣！"乃命仆②作"玉带羹"，以笋似玉、莼似带也。是夜甚适③。今犹喜其清高而爱客也。每诵忠简公④"跃马食肉付⑤公等，浮家泛宅⑥真吾徒"之句，有此耳。

注释：

①稽山（jī shān）：即会稽山。

②命仆：命令仆人。

③适：适意，高兴。

④忠简公：赵鼎，字元镇，自号得全居士。谥忠简。南宋政治家、词人。解州闻喜（今属山西省）人。绍兴年间几度为相，后因不同意秦桧议和政策，被一贬再贬。知秦桧必欲杀己，自书铭旌曰："身骑箕尾归天上，气作山河壮本朝。"不食而卒。

⑤付：交给。

⑥浮家泛宅：以船为家，指到处漂泊不定。

酒煮菜

鄱江①士友②命③饮，供以"酒煮菜"。非菜也，纯以酒煮鲫鱼也。且云："鲫，稷④所化，以酒煮之，甚有益。"以鱼名菜，私窃疑之。及观赵与时⑤《宾退录》所载：靖州⑥风俗，居丧不食肉，唯以鱼为蔬⑦，湖北谓之鱼菜。杜陵⑧《白小》诗亦云："细微沾水族，风俗当园蔬。"始信鱼即菜也。赵，好古博雅君子也，宜乎先得其详矣。

注释：

①鄱江：又名饶河，古称番水，在江西省东北部。

②士友：古代称在官僚知识阶层或普通读书人中的朋友。

③命：邀请，宴请。

④稷（jì）：一种粮食作物，指粟或黍属。古代以稷为百谷之长，因此帝王将其奉祀为谷神。

⑤赵与时：字行之，官至丽水丞，著有《宾退录》十卷，书中考证经史，辨析典故，有颇多精核之处。

⑥靖州：位于湖南省西南，湘黔桂交界地区。

⑦为蔬：作为蔬菜。

⑧杜陵：即杜甫。

蜜渍梅花

　　杨诚斋诗云："瓮澄雪水酿春寒，蜜点梅花带露餐。句里
略无烟火气，更教谁上少陵坛。"剥白梅①肉少许，浸雪水，以
梅花酿酢之。露一宿，取出，蜜渍之。可荐酒②。较之扫雪烹
茶③，风味不殊④也。

注释：

①白梅：又称盐梅、霜梅或白霜梅，主要用于治疗喉痹、泻痢烦渴、梅核
隔气、痈疽肿毒、外伤出血。

②荐酒：佐酒。

③扫雪烹茶：以雪水烹茶被认为是文人的风雅之举。

④不殊：没有区别，一样。

持蟹供

　　蟹生于江者，黄而腥；生于河者，绀①而馨；生于溪者，
苍而青。越淮②，多趋③京，故或枵而不盈④。幸有钱君谦斋震
祖，惟砚存⑤，复归于吴门⑥。秋，偶过之，把酒论文犹不减昨
之勤也。留旬余，每旦市⑦蟹，必取其元⑧烹，以清醋杂以葱、
芹，仰⑨之以脐。少俟⑩其凝⑪，人各举其一，痛饮大嚼，何异
乎柏手浮于湖海之滨⑫？庸庖族丁⑬，非曰不文⑭，味恐失真。

此物风韵，但橙醋自足以发挥其所蕴也。且曰：尖脐蟹，秋风高，团者膏，请举手，不必刀，羹以蒿，尤可饕[15]。因举山谷诗云："一腹金相玉质，两螯明月秋江。"真可谓诗中之验。举以手，不以刀，尤见钱君之豪也。或曰："蟹所恶，恶朝雾。实竹筐，噀[16]以醋。虽千里，无所误。"因笔之，为蟹助。有风虫[17]，不可同柿食。

注释：

①绀（gàn）：稍微带红的黑色。

②越淮：穿过淮河地区。

③趋：奔赴，奔向。

④枵（xiāo）而不盈：指腹空，饥饿。枵，空。

⑤惟砚存：靠文字生活。

⑥吴门：苏州为春秋时吴国故地，故称吴门。

⑦市：购买。

⑧元：大，指个头大的螃蟹。

⑨仰：指把螃蟹脐部仰天而放。

⑩俟（sì）：等。

⑪凝：凝结，指蟹膏凝结。

⑫柏手浮于湖海之滨：柏，当为"拍"。据《晋书·毕卓传》："卓尝谓人曰：'得酒满数百斛船，四时甘味置两头，右手持酒杯，左手持蟹螯，拍浮酒船中，便足了一生矣。'"

⑬庸庖族丁：众多庸俗的厨师。庸，庸俗的。庖，厨师。族，众多。

⑭文：美，善。

⑮饕（tāo）：贪残地吞食。

⑯噀（xùn）：含在口中而喷出。

⑰风虫：蟹腹中的寄生虫。

汤绽梅

十月后，用竹刀取欲开梅蕊，上下①蘸以蜡，投蜜缸中。夏月，以热汤就盏泡之，花即绽，香可爱也。

注释：

①上下：全部，通身。

通神饼

姜薄切，葱细切，以盐汤焯，和白糖、白面，庶①不太辣。入香油少许，炸之，能去寒气。朱晦翁②《论语注》云："姜，通神明③。"故名之。

注释：

①庶：差不多，将近。

②朱晦翁：指朱熹。

③姜通神明：见朱熹《论语集注》注："姜，通神明，去秽恶，故不撤。"

金饭

危巽斋诗云："梅以白为正①，菊以黄为正。过此②，恐渊明、和靖二公不取也。"今世有七十二种菊，正如《本草》所谓："今无真牡丹，不可煎者。"法：采紫茎黄色正菊英，以甘草汤和盐少许焯过，候饭少熟，投之同煮。久食，可以明目延年。苟得南阳甘谷水③煎之，尤佳也。昔之爱菊者，莫如楚屈平④、晋陶潜，然孰知爱之者，有石涧元茂⑤焉，虽一行一坐⑥，未尝不在于菊，《翻岏⑦得菊叶》诗云："何年霜后黄花叶，色蠹⑧犹存旧卷诗。曾是往来篱下读，一枝开弄被风吹。"

观此诗，不惟知其爱菊，其为人清介⑨可知矣。

注释：

①正：正品，指纯正、贵重的佳品。

②过此：除了这些。

③甘谷水：《抱朴子》中记载，南阳郦县山中，有甘谷水。水之所以甘甜，是因为谷上左右长满了甘菊。菊花掉落其中，历世弥久，所以水的味道变得甘甜无比。

④楚屈平：楚国屈平，即战国时大诗人屈原，名平，字原。

⑤石涧元茂：刘元茂，号石涧，即文中《翻帙得菊叶》一诗的作者。

⑥一行一坐：指日常起居。

⑦帙：书、画的封套，用布帛制成，这里指书籍。

⑧色蠹（dù）：色彩褪去、衰败。蠹，蛀蚀。

⑨清介：清正耿直。

白石羹

　　溪流清处取白小石子或带藓衣①者一二十枚，汲②泉煮之，味甘于螺，隐然③有泉石之气。此法得之吴季高，且曰："固非通宵煮石④之石，然其意则清矣。"

注释：

①藓衣：石头表面所生的青苔。

②汲：打水。

③隐然：隐隐约约的样子。

④煮石：旧传神仙、方士烧煮白石为粮，后因借为道家修炼的典实。晋葛洪《神仙传·白石先生》："常煮白石为粮，因就白石山居。"

梅粥

　　扫落梅英①，拣净洗之，用雪水同上白米煮粥。候熟，入
英同煮。杨诚斋诗曰："才看腊后得春饶②，愁见风前作雪飘。
脱蕊收将熬粥吃，落英仍好当香烧。"

注释：

①落梅英：即落下来的梅花。

②饶（ráo）：丰富。

山家三脆

　　嫩笋、小蕈①、枸杞头②，入盐汤焯熟，同香熟油、胡椒、
盐各少许，酱油、滴醋拌食。赵竹溪③密夫酷嗜此。或作汤饼以
奉亲，名"三脆面"。尝有诗云："笋蕈初萌杞采纤④，燃松自煮
供亲严⑤。人间玉食何曾鄙，自是山林滋味甜。"蕈，亦名菰⑥。

注释：

①蕈（xùn）：指菌类食物。

②枸杞头：又叫枸杞菜，是初春时的枸杞嫩茎叶。可入药，味苦，性寒，
具有补虚益精、清热止渴、祛风明目的功效。

③赵竹溪：赵密夫，号竹溪，赵廷美八世孙。晋江（今福建省泉州市）人。

④纤（xiān）：细小。

⑤亲严：指父母。亲，对母亲的尊称。严，对父亲的尊称。

⑥菰（gū）：同"菇"，菌类植物。

玉井饭

　　章雪斋①鉴宰德泽②时，虽槐古马高③，犹喜延客。然后④食
多不取诸市，恐旁缘扰人⑤。而一日，往访之，适有蝗不入境

之处⑥。留以晚酌数杯，命左右造玉井饭，甚香美。其法：削嫩白藕作块，采新莲子去皮心，候饭少沸，投之，如盒饭法。盖取"太华峰头玉井莲，开花十丈藕如船⑦"之句。昔有藕诗云："一弯西子臂，七窍比干心⑧。"今杭都范堰经进⑨斗星藕⑩，大孔七、小孔二，果有九窍，因笔及之。

注释：

①章雪斋：章鉴，字公秉，汉族，修水（今江西省九江市修水县）人。号杭山，别号万叟，南宋宰相，修水八贤之一，为官清廉，政事严谨，宽厚为人，一生忧国忧民。历枢密院御史、中书台人、左侍郎等。著有《杭山集》。

②宰德泽：治理地方之时善待百姓。宰，主宰、治理。德泽，恩惠、恩德。

③槐古马高：形容权高位重。周朝时种三槐、九棘，公卿大夫分坐其下，后用"槐棘"指三公或三公之位。

④后：古代对长官、郡守或将领的尊称。后，此处指章雪斋。

⑤旁缘扰人：下属仗势欺人，骚扰百姓。旁缘，依仗、凭借（权势）。扰人，骚扰百姓。

⑥蝗不入境之处：指章鉴所治理的地方。史书上多次记载，有善政的官员的辖境连蝗虫都不入境侵害，后以此典称誉地方官吏的善政。适，去、往。

⑦太华峰头玉井莲，开花十丈藕如船：出自韩愈诗歌《古意》："太华峰头玉井莲，开花十丈藕如船。冷比雪霜甘比蜜，一片入口沉疴痊。我欲求之不惮远，青壁无路难夤缘。安得长梯上摘实，下种七泽根株连。"

⑧一弯西子臂，七窍比干心：西子，指战国时期越国美女西施。比干，为商纣王时臣子，因直言相谏得罪纣王，纣怒曰："吾闻圣人心有七窍，信有诸乎？"遂杀比干剖视其心。

⑨进：进奉，奉献。

⑩斗星藕：北斗七星。这里指的是有七个大孔的藕。

洞庭馈①

旧游东嘉②时，在水心先生③席上，适净居僧④送馈至，如小钱大，各合以橘叶，清香霭然，如在洞庭左右。先生诗曰："不待归来霜后熟，蒸来便作洞庭香。"因谒⑤寺僧，曰："采蓬⑥与橘叶捣汁，如蜜，和米粉作馈，各合以馈蒸之。"市亦有卖，特差多耳⑦。

注释:

①馈（yì）：此处指古代的一种糕点。

②东嘉：温州永嘉的别称。温州在宋代属永嘉郡，因为西面有嘉州，所以又将永嘉称为"东嘉"。

③水心先生：叶适，字正则，号水心居士，世称水心先生，温州永嘉（今浙江省温州市）人，南宋思想家、文学家、政论家。他把"图善""立义"的思想与重视事功的务实精神联系在一起，建立起自己的学说体系。晚年著书、讲学于永嘉城外的水心村，宣传自己的思想主张，形成了永嘉学派。

④净居僧：净居寺的僧人。此处净居寺或位于浙江省仙居县白塔镇，建于唐贞观三年（629），宋代时重修，当时香火颇旺。

⑤谒（yè）：拜见。

⑥蓬：蓬草，多年生草本植物，花白色，中心黄色，叶似柳叶，子实有毛。嫩叶可以食用，也可以入药。

⑦特差多耳：只是风味差很多罢了。

荼蘼①粥（附木香菜）

旧辱②赵东岩③子岩云瓒夫寄客④诗，中款⑤有一诗云："好春虚度三之一，满架荼蘼取次开。有客相看无可设，数枝带雨剪将来。"始谓⑥非可食者。一日过灵鹫⑦，访僧蘋洲德修，午留粥，甚香美。询之，乃荼蘼花也。其法，采花片，用甘草汤焯，候粥熟，同煮。又采木香⑧嫩叶，就元焯⑨，以盐、油拌为菜茹。僧苦嗜吟⑩，宜乎知此味之清，切⑪知岩云之诗不诬⑫也。

注释：

①荼蘼（tú mí）：落叶灌木，攀缘茎，茎有棱，并有钩状的刺，羽状复叶，小叶椭圆形，花白色，有香气，供观赏，于初夏开花。

②辱：古代表示承受的谦辞，犹承蒙。

③赵东岩：即赵彦侯，字简叔，号东岩，赵廷美八世孙，靖康之乱时期随中原人南迁闽南。赵瓒夫，赵东岩之子，号岩云。

④寄客：寄居他乡之人。

⑤中款：出于内心的真诚情意。

⑥始谓：最初的时候认为。

⑦灵鹫：即灵鹫寺。同名者甚多，此处或指今江西上饶灵鹫山北的灵鹫寺，建于唐代。

⑧木香：一种菊科植物，根茎入药，以香气浓郁者为佳。

⑨就元焯：用之前的甘草汤焯一下。

⑩嗜吟：喜爱吟诗。

⑪切：同"窃"，犹言私下。表示个人意见的谦辞。

⑫诬：加之以不实之词，妄言。

蓬糕

采白蓬嫩者，熟煮，细捣，和米粉，加以白糖，蒸熟，以香为度①。世之贵介②，但知鹿茸、钟乳③为重，而不知食此实大有补益。讵④可以山食而鄙之哉？闽中有草秆。又饭法：候饭沸，以蓬拌面煮，名蓬饭。

注释：

①以香为度：以散发出香味来作为（蓬糕）是否蒸熟的标准。度，标准。

②贵介：指尊贵、富贵者。

③钟乳：石灰岩洞中悬在洞顶上的像冰锥的物体。古代养生者认为服之对身体有益，可以延年益寿。

④讵（jù）：岂，怎么。

樱桃煎

　　樱桃经雨①，则虫自内生，人莫之见②。用水一碗浸之，良久，其虫皆蛰蛰而出③，乃可食也。杨诚斋诗云："何人弄好手？万颗捣尘脆。印成花钿薄，染作冰澌④紫。北果非不多，此味良独美。"要之，其法不过煮以梅水，去核，捣印⑤为饼，而加以白糖耳。

注释：

①经雨：被雨淋。

②莫之见：看不见。

③蛰蛰而出：形容很多虫爬出的样子。蛰蛰，数量众多。

④冰澌：冰水。泛指冰。

⑤印：按压。

如荠菜

　　刘彝①学士宴集间，必欲主人设苦荬②。狄武襄公青③帅边时，边郡难以时置④。一日集⑤，彝与韩魏公⑥对坐，偶此菜不设，谩骂狄公至黥卒⑦。狄声色不动，仍以先生呼之，魏公知狄真将相器⑧也。《诗》⑨云："谁谓荼苦？"刘可谓"甘之如荠"者。其法，用醯酱⑩独拌生菜，然作羹则加之姜、盐而已，《礼记》："孟夏，苦菜秀。"是也。《本草》："一名荼，安心益气。"隐居⑪："作屑饮，不可寐。"今交、广⑫多种之。

注释：

①刘彝：字执中，福州（今福建省福州市长乐区）人，北宋著名水利专家。早年师从胡瑗。著有《七经中议》一百七十卷、《明善集》三十卷、《居阳集》三十卷。

②苦荬（mǎi）：一年生草本植物，春夏间开花。茎叶嫩时均可食，略带苦味，故名。苦荬菜全草入药，具有清热解毒、去腐化脓、止血生肌的功效。

③狄武襄公青：即狄青，字汉臣，汾州西河（今山西省汾阳市）人。北宋时期名将。出身贫门，自少入伍，面有刺字，善于骑射，人称"面涅将军"。宋仁宗时，凭借战功，累迁延州指使，勇而善谋，立下了卓越战功。在宋朝重文抑武的背景下，皇帝和文官集团猜忌狄青，狄青出判陈州，最后抑郁而终。后被追赠中书令，谥号"武襄"。

④置：购买，置办。

⑤集：集合，聚集。

⑥韩魏公：即韩琦，字稚圭，自号赣叟，相州安阳（今属河南省）人。北宋名将，天圣进士。与范仲淹共同防御西夏，名重一时，时称"韩范"。英宗时，封魏国公。谥号"忠献"。著有《安阳集》五十卷。

⑦黥（qíng）卒：被施以黥刑的兵卒。宋代在囚犯或部分士兵脸上刺字，以防逃跑，故称。

⑧将相器：将相之才。器，人才。

⑨《诗》：《诗经》，此处所引见于《谷风》。

⑩醯（xī）酱：醋和酱拌成的调料。

⑪隐居：指陶弘景，字通明，南朝梁时丹阳秣陵（今江苏省南京市）人，号华阳隐居。著名的医药家、炼丹家、文学家，时称"山中宰相"。著有《本草经集注》《真诰》《真灵位业图》《陶氏效验方》等。

⑫交、广：指交州与两广地区。

萝菔面

　　王医师承宣，常捣萝菔汁，搜面①作饼，谓能去面毒。《本

草》云："地黄与萝菔同食，能白人发。"水心先生酷嗜萝菔，
甚于服玉，谓诚斋云："萝菔始是辣底玉。"仆与靖逸叶贤良绍
翁②过从③二十年，每饭必索萝菔，与皮生啖④，乃快所欲。靖
逸平生读书不减水心，而所嗜略同。或曰："能通心气，故文人
嗜之。"然靖逸未老而发已皤⑤，岂地黄之过欤？

注释：

①搜面：以水和面。

②靖逸叶贤良绍翁：叶绍翁，字嗣宗，号靖逸，南宋学者。著有《四朝闻
见录》等。

③过从：互相往来，交往。

④与皮生啖：连皮一起生吃。

⑤皤（pó）：白色。

麦门冬①煎

春秋，采根去心，捣汁和蜜，以银器重汤②煮，熬如饴为
度。贮之磁器内，温酒化，温服，滋益多矣。

注释：

①麦门冬：据《神农本草经》：麦门冬，味甘平，生川谷。治心腹结气，伤
中伤饱，胃络脉绝，羸瘦短气。久服轻身，不老不饥。

②重汤：即隔水蒸煮。

假煎肉

瓠与麸①薄切，各和以料煎。麸以油浸煎，瓠以肉脂煎，
加葱、椒、油、酒共炒。瓠与麸不惟②如肉，其味亦无辨者。
吴何铸③宴客，或出此。吴中贵家，而喜与山林朋友嗜此清
味，贤矣。或常作小青锦屏风，乌木瓶簪④古梅枝，缀像生梅

数花⑤置座右⑥，欲左右未尝忘梅。一夕，分题赋词⑦，有孙贵蕃、施游心，仆亦在焉。仆得心字《恋绣衾⑧》，即席云："冰肌生怕雪来禁，翠屏前、短瓶满簪。真个是、疏枝瘦，认花儿、不要浪吟。等闲蜂蝶都休惹，暗香来、时借水沉。既得个、厮偎伴，任风雪、尽自于心。"诸公差胜⑨，今忘其辞。每到，必先酌以巨觥⑩，名"发符酒"，而后觞咏⑪，抵夜而去。今喜其子侄皆克肖⑫，故及之。

注释：

①麸（fū）：麸筋，即面筋。

②不惟：不仅。

③何铸：字伯寿，余杭（今属浙江省）人。秉性刚直，先后任秘书郎、监察御史，累迁御史中丞。生平孝友廉俭。

④簪：插。

⑤缀像生梅数花：（在梅枝上）点缀上几朵看似像真的梅花。缀，装饰、点缀。像，相像、似。生梅，活生生的梅花。

⑥座右：座位的右边。古人常把所珍视的文、书、字、画放置于此。

⑦分题赋词：古代文人聚会吟诗唱和时，分题定韵赋词的习俗。

⑧恋绣衾：词牌名。

⑨差（chā）胜：略微胜过。差，副词，略微、比较。

⑩觥（gōng）：盛酒或饮酒器。古代用兽角制，后也用木或青铜制。腹椭圆形或方形，底为圈足或四足。盛行于商代和西周前期。

⑪觞咏：谓饮酒赋诗。

⑫克肖：相似，谓后人能继承前人。

橙玉生

雪梨大者，去皮核，切如骰子大。后用大黄熟香橙，去核，捣烂，加盐少许，同醋、酱拌匀供，可佐①酒兴。葛天民②

《尝北梨》诗云："每到年头感物华，新尝梨到野人家。甘酸尚带中原味，肠断春风不见花。"虽非味梨③，然每爱其寓物④，有《黍离》之叹⑤，故及之。如咏雪梨，则无如张斗野⑥蕴"蔽身三寸褐，贮腹一团冰"之句，被褐怀玉⑦者，盖有取焉。

注释：

①佐：帮助。

②葛天民：字无怀，越州山阴（今浙江省绍兴市）人，曾出家为僧，字朴翁。后还俗，居杭州西湖。与姜夔、赵师秀等多有唱和。其诗为叶绍翁所推许。著有《无怀小集》。

③味梨：品味梨的味道。

④寓物：把情感托寄于物。

⑤《黍离》之叹：指对国家残破、今不如昔的哀叹。《黍离》是《诗经·王风》中的诗篇，表达了对国家衰亡的伤感之情。

⑥张斗野：即张蕴（也做韫），字仁溥。约生活在南宋理宗时期。

⑦被（pī）褐怀玉：身穿粗布衣服而怀抱美玉。比喻虽是贫寒出身，但有真才实学。被，同"披"。褐，泛指粗布衣服。

玉延索饼

山药，名薯蓣①，秦楚之间名玉延。花白，细如枣，叶青，锐于牵牛。夏月，溉②以黄土壤，则蕃③。春秋采根，白者为上，以水浸，入矾少许。经宿，洗净去涎④，焙干，磨筛为面，宜作汤饼⑤用。如作索饼⑥，则熟研，滤为粉，入竹筒，微溜⑦于浅酸⑧盆内，出之，于水浸去酸味，如煮汤饼法。如煮食，惟刮去皮，蘸盐、蜜皆可。其味温，无毒，且有补益。故陈简斋⑨有《玉延赋》，取香、色、味以为三绝。陆放翁⑩亦有诗云："久缘多病疏云液，近为长斋煮玉延⑪。"比于杭都，多见如掌者，名"佛手药"，其味尤佳也。

注释：

①薯蓣（yù）：即山药，块茎含淀粉，可供食用，并可入药。

②溉（gài）：浇灌。

③蕃（fán）：生长茂盛。

④涎：此处指黏液，浆汁。

⑤汤饼：水煮的面食。

⑥索饼：一般指面条，在此文中疑为用山药做成的粉条。

⑦微溜：一种烹调法。微煮一下或经油炸后再加芡粉。

⑧酸：醋。

⑨陈简斋：即陈与义，字去非，号简斋，北宋末、南宋初年的杰出诗人。诗尊杜甫，前期清新明快，后期雄浑沉郁；同时也工于填词，其词存于今者虽仅十余首，却别具风格，豪放处尤近于苏轼，疏朗明快，自然浑成。著有《简斋集》。

⑩陆放翁：即陆游，字务观，号放翁。越州山阴人。南宋诗人。创作诗歌很多，今存九千多首，内容极为丰富。其诗歌多反映人民疾苦，饱含深沉的爱国主义情怀。著有《剑南诗稿》《渭南文集》《南唐书》《老学庵笔记》等。

⑪久缘多病疏云液，近为长斋煮玉延：出自陆游《书怀》一诗。

大耐糕

　　向云杭公尧，夏日命饮，作大耐糕。意①必粉面为之，及出，乃用大李子。生者去皮剜核，以白梅甘草汤焯过，用蜜和松子肉，榄仁②去皮，核桃肉去皮，瓜仁划②碎，填之满，入小甑蒸熟，谓耐糕也。非熟则损脾。且取先公"大耐官职③"之意，以此见向者有意于文简之衣钵也。夫天下之士，苟知"耐"之一字，以节义自守，岂患事业之不远到哉！因赋之曰："既知大耐为家学，看取清名自此高。"《云谷类编》④乃谓大耐本李沆⑤事，或恐未然。

注释：

①意：料想。

②刬（chǎn）：削，铲。

③大耐官职：宦海沉浮中能做到宠辱不惊，此处指的是向云杭的先祖向敏中。向敏中升任右仆射时，宋真宗赵恒派翰林学士李宗谔去向家察看。李宗谔到达后，看到向敏中家里谢绝一切客人，门庭寂静无声。向敏中仿若无事，谦卑如常。李宗谔向真宗详细汇报所见，真宗遂笑言向敏中"大耐官职"。

④《云谷类编》：宋人张淏撰写的一部笔记，成书时间为宋宁宗嘉定五年（1212），是一部以考史论文为主的笔记，多为记述宋时史事、人物及艺文典故。原书已佚。现有后人辑本，名为《云谷杂记》。

⑤李沆：字太初，洺州肥乡（今河北省邯郸市）人，北宋时期名相、诗人。李沆以清净无为治国，注重吏事。有"圣相"之美誉，史称其为相"光明正大"，王夫之称其为"宋一代柱石之臣"。

鸳鸯炙

蜀有鸡，素中藏绶如锦①，遇晴则向阳摆之②，出二角寸许。李文饶③诗云："葳蕤散绶轻风里，若御若垂何可疑。"王安石诗云："天日清明即一吐，儿童初见互惊猜"。生而反哺④，亦名孝雉。杜甫有"香闻锦带羹"之句，而未尝食。向游吴之芦区，留钱春塘⑤在唐舜选家，持螯把酒。适有弋人⑥携双鸳至，得之，焊，以油爁⑦，下酒、酱、香料煨⑧熟。饮余吟倦，得此甚适。诗云："盘中一箸休嫌瘦，入骨相思定不肥。"不减锦带矣。靖言⑨思之，吐绶鸳鸯，虽各以文彩烹，然吐绶能反哺，烹之忍哉？雉不可同胡桃、木耳笋⑩食，下血。

注释：

①素中藏绶如锦：白色的羽毛中藏着艳丽如织锦般的绶带一样的羽毛。素，白色。绶，本义为丝带，古代多用以系佩玉、官印等。此处指雉鸟的长羽，有各种颜色，如同绶带一样。

②摆之：摇摆，摆动绶带一样的长羽。

③李文饶：即李德裕，字文饶，唐代赵郡赞皇（今属河北省）人，与其父李吉甫均为晚唐名相。

④反哺（bǔ）：雏鸟长成，衔食喂养其母，比喻报答亲恩。

⑤钱春塘：即钱舜选，号春塘，为陈世崇师辈。

⑥弋（yì）人：指猎鸟者。弋，用带绳子的箭射鸟。

⑦爁（làn）：用火烤。

⑧燠（yù）：暖，热。

⑨靖言：安静地。言，助词，意同"静言"。

⑩箪（dān）：古代用来盛饭食的盛器。以竹或苇编成，圆形，有盖。

笋蕨馄饨

采笋、蕨嫩者，各用汤焯，以酱、香料、油和匀，作馄饨供。向者①，江西林谷梅少鲁家，屡作此品。后，坐古香亭下，采芎②、菊苗荐茶③，对玉茗花④，真佳适也。玉茗似茶少异，高约五尺许，今独林氏有之。林乃金台山房之子，清可想矣。

注释：

①向者：以前。

②芎（xiōng）：多年生草本植物，羽状复叶，花白色，果实椭圆形。生长在四川和云南等地。全草有香气，地下茎可入药，常用于活血行气、祛风止痛。

③荐茶：进茶。

④玉茗花：即山茶花，别名耐冬、曼陀罗等。属山茶科山茶属植物，是我国十大名花之一。

雪霞羹

采芙蓉花，去心、蒂，汤焯之，同豆腐煮。红白交错，恍如雪霁①之霞，名"雪霞羹"。加胡椒、姜，亦可也。

注释：

①雪霁（jì）：雪后见日的晴朗天气。霁，天气转晴。

鹅黄豆生

温陵人前中元①数日，以水浸黑豆，曝②之。及芽，以糠秕置盆中，铺沙植豆，用板压。及长，则覆以桶，晓则晒之，欲其齐而不为风日损也。中元，则陈于祖宗之前。越三日，出之，洗焯，以油、盐、苦酒、香料可为茹，卷以麻饼尤佳。色浅黄，名"鹅黄豆生"。仆游江淮二十秋，每因以起松楸③之念。将赋归④，以偿此一大愿也。

注释：

①中元：汉族传统节日"三元"之一。"元"是始、开端的意思，农历正月为一年之始，故称元月。古代数术家以第二甲子为"中元"，即农历七月十五（在广大南方地区，俗称"七月半"），这一天是汉族人祭祀亡故亲人、缅怀祖先的日子，也是重要的"八节"之一。

②曝（pù）：晒。

③松楸：松树与楸树，墓地多植，因以代称坟墓。这里特指父母坟茔，喻思乡之情。

④赋归：返回故里。

真君粥

杏子煮烂去核，候粥熟同煮，可谓"真君粥"，向游庐山，闻董真君①未仙时多种杏，岁稔②，则以杏易谷，岁歉③，则以谷贱粜④。时得活者甚众。后白日升仙，世有诗云："争似莲花峰下客，种成红杏亦升仙。"岂必专而炼丹服气⑤？苟有功德于人，虽未死名已仙矣，因名之。

注释：

①董真君：即董奉，又名董平，字君异，号拔墘，候官县董墘村（今福州市长乐区古槐镇龙田村）人。少年学医，信奉道教。年轻时，曾任候官县小吏，不久归隐，在其家村后山中，一边练功，一边行医。董奉医术高明，治病不取钱物，只要求重病愈者在山中栽杏五株，轻病愈者栽杏一株。数年之后，其家后山有杏万株，郁然成林。春天杏子熟时，董奉便在树下建一草仓储杏。需要杏子的人，可用谷子自行交换。灾荒之时再将所得之谷赈济贫民。后世称颂医家"杏林春暖"之语，盖源于此。董奉与张仲景、华佗并称"建安三神医"。

②岁稔（rěn）：指庄稼丰收之年。稔，庄稼成熟。

③岁歉：收成不好之年。

④粜（tiào）：卖（粮食）。

⑤炼丹服气：指古时养生者追求长生得道的方法。

酥黄独

雪夜，芋正熟，有仇芋①曰："从简②，载酒③来扣门。"就供之，乃曰："煮芋有数法，独酥黄独世罕得之。"熟芋截片，研榧子、杏仁和酱，拖面煎之，且白侈④为甚妙。诗云："雪翻夜钵裁成玉，春化寒酥剪作金。"

注释：

①仇芋：和芋头有仇，指特别喜欢吃芋头的朋友，就像和芋头有仇一样。

②简：书信。

③载酒：带着酒。

④侈：大。

满山香

陈习庵①填《学圃》诗云："只教人种菜，莫误客看花。"
可谓重本而知山林味②矣。仆春日渡湖，访雪独庵。遂留饮，
供春盘③，偶得诗云："教童收取春盘去，城市如今菜色④多。"
非薄⑤菜也，以其有所感，而不忍下箸也。薛曰："昔人赞菜
有云，可使士大夫知此味，不可使斯民有此色⑥。"诗与文虽不
同，而爱菜之意无以异。一日，山妻煮油菜羹，自以为佳品。
偶郑渭滨⑦师吕至，供之，乃曰："予有一方为献：只用莳萝、
茴香、姜、椒为末，贮以葫芦，候煮菜少沸，乃与熟油、酱
同下，急覆⑧之，而满山已香矣。"试之果然，名"满山香"。
比闻汤将军孝信嗜盦菜，不用水，只以油炒，候得汁出，和
以酱料盦熟，自谓香品过于禁脔⑨。汤，武士也，而不嗜杀，
异哉！

注释：

①陈习庵：即陈埙，字和仲，号习庵，鄞（今浙江省宁波市）人。著有
《习庵集》，已佚。

②重本而知山林味：重视农本，并且也知晓山林之趣味。

③春盘：古代风俗，立春日将韭黄、果品、饼饵等摆在盘中食用，或者赠送
亲友，因此名为"春盘"。君主也要在立春前一天，赏赐大臣们春盘和酒。

④菜色：指百姓饥馑，面有菜色。

⑤薄：轻视。

⑥可使士大夫知此味，不可使斯民有此色：其意为：作为地方官员，不能
只图自己安逸享乐，不问民间疾苦，不知青菜的滋味；作为子民百姓，不

能让他们缺衣少食，面带菜色。

⑦郑渭滨：南宋时人，似为道士。

⑧覆：倾出，倒出。

⑨禁脔（luán）：又叫"项脔"，俗称项上肉、糟头肉、项圈肉等。

酒煮玉蕈

鲜蕈净洗，约①水煮。少熟，乃以好酒煮，或佐以临漳绿竹笋尤佳。施芸隐②枢《玉蕈》诗云："幸从腐木出，敢被齿牙和。真有山林味，难教世俗知。香痕浮玉叶，生意满琼枝。饕腹何多幸，相酬独有诗。"今后苑多用酥③炙，其风味犹不浅也。

注释：

①约：少。

②施芸隐：即施枢，字知言，号芸隐，宋代诗人。著有《芸隐倦游稿》《芸隐横舟稿》各一卷。

③酥：用牛、羊奶制成的油。

鸭脚羹

葵①，似今蜀葵，丛短而叶大，以倾阳，故性温。其法与羹菜同，《豳风》②七月所烹者是也，采之不伤其根，则复生。古诗故有"采葵莫伤根，伤根葵不生"之句。昔公仪休③相鲁，其妻植葵，见而拔之曰："食君之禄而与民争利，可乎？"今之卖饼、货酱、贸钱、市药，皆食禄者，又不止植葵，小民岂可活哉？白居易诗云："禄米獐牙稻，园蔬鸭脚羹④。"因名。

注释：

①葵：冬葵，古代重要蔬菜品种之一。

②《豳（bīn）风》：《诗经》中十五国风之一，主要包括豳地的诗歌。

③公仪休：春秋时期鲁国人，官至鲁国宰相，以廉洁著称。

④禄米獐牙稻，园蔬鸭脚羹："羹"字当作"葵"。见白居易《官舍闲题》：
"职散优闲地，身慵老大时。送春唯有酒，销日不过棋。禄米獐牙稻，园
蔬鸭脚葵。饱餐仍晏起，余暇弄龟儿。"

石榴粉（银丝羹附）

藕截细块，砂器内擦稍圆①，用梅水同胭脂染色，调绿豆
粉拌之，入鸡汁煮，宛如石榴子状。又，用熟笋细丝，亦和以
粉煮，名银丝羹。此二法恐相因而成之者，故并存。

注释：

①擦稍圆：擦磨成近乎圆形。

广寒糕

采桂英①，去青蒂，洒以甘草水，和米春粉②，炊③作糕。
大比岁④，士友咸⑤作饼子相馈，取"广寒高甲⑥"之谶⑦。又以
采花略蒸，曝干作香者，吟边酒里，以古鼎燃之，尤有清意。
童用瑚师禹诗云："胆瓶清气撩诗兴，古鼎余葩⑧晕酒香。"可谓
此花之趣也。

注释：

①桂英：桂花。

②春（chōng）：把东西放在石臼或乳钵里捣掉皮壳或捣碎。

③炊：烧火煮熟食物。

④大比岁：古代科举会试和殿试是每三年举行一次，另外逢国家庆典增加
会试和殿试，叫作"恩科"。凡遇到这些兼有会试和殿试的年份都称为"大
比之年"。

⑤咸：全，都。

⑥广寒高甲：即"蟾宫折桂"，指科举高中之意。典故出自晋武帝泰始年间，吏部尚书崔洪举荐郤诜当左丞相。后来郤诜任雍州刺史时，晋武帝问他对自己的看法，他说："我就像月宫里的一段桂枝，昆仑山上的一块宝玉。"后用月宫中一枝桂、昆仑山上一片玉来形容特别出众的人才。月宫也称蟾宫、广寒宫。唐代以后，科举制度盛行，蟾宫折桂便用来比喻考中进士。

⑦谶（chèn）：预言，预兆。

⑧葩（pā）：花朵。

河祇粥

《礼记》："鱼干曰薧①。"古诗有"酌醴焚枯②"之句，南人谓之鲞③，多煨食，罕有造粥者。比游天台山，有取干鱼，浸洗细截，同米粥入酱料，加胡椒，言能愈头风，过于陈琳之檄④。亦有杂豆腐为之者。《鸡跖集》⑤云："武夷君⑥食河祇脯⑦，干鱼也。"因名之。

注释：

①薧（kǎo）：指干的或腌制的食物。

②酌醴焚枯：描述喝甜酒、吃烤鱼的情趣。后用为咏田园生活自适自乐之典。

③鲞（xiǎng）：剖开后晾干的鱼。

④陈琳之檄：陈琳所作的檄文。

⑤《鸡跖集》：宋代笔记，作者王子韶。全书收集书传中琐碎之事，分类编排而成。鸡跖（zhí），就是鸡脚掌，被古人视为美味。

⑥武夷君：又称武夷王、武夷显道真君，是中国民间信奉的神仙之一，属于中国福建武夷山的山神、乡土神。

⑦河祇（qí）脯：河神享用的干肉。祇，神祇。

松玉

文惠太子①问周颙②曰："何菜为最？"颙曰："春初早韭，

秋末晚菘③。"然菘有三种，惟白于玉者甚松脆，如色稍青者，绝无风味。因侈其白者④，曰"松玉"，亦欲世人知有所取择也。

注释：

①文惠太子：即萧长懋，字云乔，南朝南兰陵（今江苏省常州市）人，齐高帝萧道成之孙，齐武帝萧赜长子。建元四年（482），立为皇太子。永明十年（492）未即位而卒，终年三十六岁，谥号"文惠太子"。

②周颙（yóng）：字彦伦，汝南安城（今河南省驻马店市）人。南朝宋、齐文学家。言辞婉丽，工隶书，兼善老、易，长于佛理。著有《三宗论》等。

③菘（sōng）：蔬菜名，即现在的白菜。

④侈其白者：以白色的菘菜为极品。

雷公①栗

夜炉书倦，每欲煨栗，必虑其烧毡之患②。一日，马北鄽③逢辰曰：只用一栗蘸油、一栗蘸水，置铁铫④内，以四十七栗密覆其上，用炭火燃之，候雷声为度⑤，偶一日同饮，试之果然，且胜于沙炒者，虽不及数，亦可矣。

注释：

①雷公：传说中天上掌管打雷的神灵。

②烧毡之患：担心栗子受热后爆裂，引燃毛毡。

③马北鄽（chán）：人名，具体事迹不详。

④铁铫（diào）：古代用来煮开水、熬东西用的铁器。

⑤候雷声为度：等到发出像雷一样的声响为合适。

东坡豆腐

豆腐葱油煎用，研榧子①一二十枚，和酱料同煮。又方，纯以酒煮。俱有益也。

注释：
①榧子：指香榧树果实。

碧筒酒

暑月，命客泛舟莲荡中。先以酒入荷叶束之，又包鱼鲊^①它叶内，俟舟回，风熏日炽^②，酒香鱼熟，各取酒及鲊，真佳适也。坡^③云："碧筒时作象鼻弯^④，白酒微带荷心苦。"坡守杭^⑤时，想屡作此供用。

注释：
①鱼鲊（zhǎ）：腌鱼，糟鱼。
②风熏日炽：指风和日丽的好天气。熏，暖和。
③坡：指苏东坡。
④碧筒时作象鼻弯：描绘饮用碧筒酒的样子。就是上文所写的：将酒倒入鲜绿的荷叶中包起来，饮用的时候把荷叶弄破，用荷叶的柄（碧绿的管桶）吸饮荷叶内的酒。这种喝酒的方式始于魏晋，唐代段成式在《酉阳杂俎·酒食》中记载："历城北有使君林，魏正始中，郑公悫三伏之际，每率宾僚避暑于此。取大莲叶置砚格上，盛酒三升，以簪刺叶，令与柄通，屈茎上轮菌如象鼻，传噏之，名为碧筒杯。"后成为饮酒之典。清代赵翼《小北门城下看荷花》诗："带得余香晚归去，月明更醉碧筒杯。"
⑤守杭：担任杭州太守。

罂乳鱼

罂中粟^①净洗，磨乳^②。先以小粉置缸底，用绢囊滤乳下之，去清入釜^③，稍沸，亟^④洒淡醋收聚，仍入囊，压成块，仍小粉皮铺甑内，下乳蒸熟，略以红曲水洒，少蒸，取出。切作鱼片，名"罂乳鱼"。

注释：

①罂中粟：即罂粟，其汁液是制取鸦片的主要原料。罂中粟即其种仁，呈白色，可食。

②磨乳：磨制成白色乳汁状液体。

③釜（fǔ）：古代的一种锅。

④亟（jí）：疾速。

胜肉夹

焯笋、蕈，同截①，入松子、胡桃，和以油、酱、香料，搜②面作夹子③，试蕈④之法：姜数片同煮，色不变，可食矣。

注释：

①截：切割。

②搜：搅和，拌和。

③夹（jiá）子：类似馅饼一类的食物。

④试蕈：测试蕈是否有毒。

木鱼子

坡云："赠君木鱼三百尾，中有鹅黄木鱼子①。"春时，剥棕鱼②蒸熟，与笋同法，蜜煮酢③浸，可致千里。蜀人供物多用之。

注释：

①赠君木鱼三百尾，中有鹅黄木鱼子：见苏轼《棕笋》诗。

②棕鱼：棕榈的花苞。因其中细子成列有如鱼子，故称。

③酢（cù）：同"醋"。

自爱淘

炒葱油，用纯滴醋和糖、酱作齑，或加以豆腐及乳饼[1]，候面熟过水，作茵[2]供食，真一补药也。食须下熟面汤一杯。

注释:

①乳饼：乳制食品名。《初学记》引晋卢谌《祭法》："夏祠别用乳饼，冬祠用环饼也。"

②作茵：铺上齑汁。

忘忧齑

嵇康[1]云："合欢蠲[2]忿[3]，萱草忘忧。"崔豹[4]《古今注》曰"丹棘[5]"，又名鹿葱[6]。春采苗，汤焯过，以酱油滴醋作为齑，或燥以肉。何处顺宰相六合[7]时，多食此，毋乃[8]以边事未宁，而忧未忘耶？因赞之曰："春日载阳，采萱于堂。天下乐兮，忧乃忘。"

注释:

①嵇康：字叔夜，著名思想家、音乐家、文学家。是正始末年的"竹林七贤"之一，提出玄学新风，主张"越名教而任自然""审贵贱而通物情"。

②蠲（juān）：除去，免除。

③忿（fèn）：生气，恨。

④崔豹：字正雄，在晋惠帝时官至太子太傅丞，撰有《古今注》三卷。

⑤丹棘：忘忧草的别名，即黄花菜。

⑥鹿葱：《本草纲目》卷十六："其苗烹食，气味如葱，而鹿食九种解毒之草，萱乃其一，故又名鹿葱。"

⑦六合：指上下和四方，泛指天下。

⑧毋乃：莫非，岂非。

脆琅玕①

莴苣去叶、皮，寸切，瀹以沸汤，捣姜，盐、熟油、醋拌渍之，颇甘脆。杜甫种此，旬不甲坼②，且叹："君子脱微禄，坎轲不进，犹芝兰困荆杞。"以是知诗人非有口腹之奉③，实有感而作也。

注释：

①琅玕：亦作"瑯玕"，本指一种玉石。后亦用以形容竹之青翠，遂成为翠竹的别称。

②甲坼（chè）：萌芽。坼，开裂。

③口腹之奉：吃食方面的奉养。

炙獐①

《本草》："秋后，其味胜羊。"道家羞②为白脯③，其骨可为獐骨酒。今作大脔④，用盐、酒、香料淹少顷，取羊脂包裹，猛火炙熟，擘去脂，食其獐。麂⑤同法。

注释：

①獐（zhāng）：又称土麝、香獐，是小型鹿科动物之一。

②羞：同"馐"。精美的食品。

③白脯（fǔ）：淡干肉，呈乳白色。

④大脔（luán）：大块肉。

⑤麂（jǐ）：哺乳动物的一种，像鹿，腿细而有力，善于跳跃，皮可以制革。

当团参

白扁豆，北人①名鹊豆②，温无毒，和中下气，烂炊，其味甘。今取葛天民诗云"烂炊白扁豆，便当紫团参③"之句，因名之。

注释：

①北人：北方的人。

②鹊豆：见于《本草纲目》卷二四："蔓延而上，大叶细花。花有紫、白二色，荚生花下，其实有黑、白二种，白者温而黑者小冷。入药用白者，黑者名鹊豆，盖以其黑间有白道，如鹊羽也。"

③紫团参：党参的一种，因出产于壶关县东南部和陵川县交界处的紫团山而得名，被认为是上品。

梅花脯

山栗①、橄榄薄切，同拌，加盐少许同食，有梅花风韵，名"梅花脯"。

注释：

①山栗：栗的一种。子实较板栗稍小，可食。

牛尾狸①

《本草》云："班②如虎者最，如猫者次之。肉主疗痔病。"法：去皮取肠腑，用纸揩净，以清酒洗，入椒、葱、茴香于其内，缝密蒸熟，去料物，压宿③，薄片切，如玉。雪天炉畔论诗饮酒，真奇物也，故东坡有"雪天牛尾④"之咏。或纸裹糟一宿尤佳。杨诚斋诗⑤云："狐公韵胜冰玉肌，字则未闻名季狸。误随齐相燧牛尾，策勋封作糟丘子。"南人或以为绘，形如黄狗，鼻尖而尾大者，狐也，其性亦温，可去风、补痨，腊月取胆，凡暴亡者，以温水调，灌之即愈。

注释：

①狸：一种哺乳动物，也叫钱猫、山猫、豹猫、狸猫、野猫等。体大如猫，圆头大尾，全身浅棕色，有许多褐色斑点，从头到肩部有四条棕褐色

纵纹，两眼内缘向上各有一条白纹。以鸟、鼠等为食。

②班：斑纹。

③压宿：重物压在其上过一晚。

④雪天牛尾：见苏轼《送牛尾狸与徐使君》一诗。

⑤杨诚斋诗：见杨万里《牛尾狸》一诗。

金玉羹

山药与栗各片截，以羊汁①加料煮，名"金玉羹"。

注释：

①羊汁：即羊肉汤。

山煮羊

羊作脔，置砂锅内，除葱、椒外，有一秘法，只用捶真杏仁数枚，活火①煮之，至骨亦糜烂。每惜此法不逢汉时，一关内侯何足道哉②？

注释：

①活火：有焰的火。

②每惜此法不逢汉时，一关内侯何足道哉：典出《后汉书·刘玄传》。汉朝后期，宫廷内部腐败，所授的官职名目繁多，小商人、厨子等纷纷穿绣面官服。百姓怨声载道并编制歌谣："灶下养，中郎将。烂羊胃，骑都尉。烂羊头，关内侯。"后"灶下养"成为厨工的辱称，借指无能的武将。

牛蒡①脯

孟冬②后，采根净洗、去皮煮，毋令失之过。捶扁压干，以盐、酱、茴、萝、姜、椒、熟油诸料研，淹③一两宿，焙干。食之，如肉脯之味。笋与莲脯，同法。

注释：

①牛蒡：草本植物，二年生。花为淡紫色管状，根多肉。根与种子都可入药，具有清热解毒的作用，根与嫩叶还可作为蔬菜食用。

②孟冬：冬季的第一个月，指农历十月。

③浥（yì）：本义为沾湿，这里是浸润的意思。

牡丹生菜

宪圣①喜清俭，不嗜杀，每令后苑进生菜，必采牡丹瓣和之，或用微面裹，炸之以酥。又，时收杨花为鞋、袜、褥之属。性恭俭，每至治生菜，必于梅下取落花以杂之，其香犹可知也。

注释：

①宪圣：即宪圣皇后，宋高宗赵构的第二任皇后。卒后谥号为"宪圣慈烈皇后"，葬永思陵。

不寒齑

法：用极清面汤，截菘菜和姜、椒、茴、萝。欲极熟①，则以一杯元齑②和之。又，入梅英一掬③，名"梅花齑"。

注释：

①极熟：烂熟。

②元齑：指之前的剩菜卤。

③掬：量词，指两手相合所捧的量。

素醒酒冰

米泔浸琼芝菜①，曝以日。频搅，候白，洗，捣烂，熟煮取出，投梅花十数瓣。候冻，姜橙为鲙齑供。

注释：

①琼芝菜：一说为石花菜。产于海滨石上，可入药，亦可食用。

豆黄签

豆面细茵①，曝干藏之，青芥菜心同煮为佳。第②此二品，独泉③有之。如止用他菜及酱汁亦可，惟欠风韵耳。

注释：

①细茵：细细摊开。茵，席子，此处指像铺席子一样摊开。

②第：但。

③泉：泉州。

菊苗煎

春游西马塍①，会张将使元耕轩留饮，命予作《菊田赋》诗，作墨兰。元甚喜，数杯后，出菊煎。法：采菊苗，汤瀹，用甘草水调山药粉，煎之以油，爽然②有楚畹③之风。张，深于药者，亦谓"菊以紫茎为正"云。

注释：

①西马塍（chéng）：地名，在浙江余杭西。宋代以产花著名。

②爽然：爽快舒畅的样子。

③楚畹：出自《楚辞·离骚》："余既滋兰之九畹兮，又树蕙之百亩。"后泛指兰圃。

胡麻①酒

旧闻有胡麻饭，未闻有胡麻酒。盛夏，张整斋赖招饮竹阁，正午，各饮一巨觥，清风飒然②，绝无暑气。其法：赎麻子二升，煮熟略炒，加生姜二两、龙脑薄荷一握，同入砂器细研，投以煮酒五升，滤渣去，水浸饮之，大有益，因赋之曰："何须更觅胡麻饭，六月清凉却是渠。"《本草》名巨胜子，桃源所饭胡麻③即此物也。恐虚诞者④自异其说云。

注释：

①胡麻：即芝麻，因从西域传入，故称"胡麻"。味甘、平，主伤中虚羸，补五内，益气力，长肌肉，填髓脑。久服，轻身不老。

②飒然：风快速吹过。

③桃源所饭胡麻：指刘晨、阮肇入天台遇仙的故事。据《太平广记》记载：刘晨、阮肇入天台山采药，在山中遇到两位女仙人，并受邀到仙人家饮食。饭食中便有胡麻饭、山羊脯、牛肉等。

④虚诞者：荒诞虚妄的人。

茶供

茶即药也。煎服，则去滞而化食。以汤点之，则反滞膈而损脾胃。盖世之利者①，多采叶，杂以为末，既又怠②于煎煮，宜有害也。今法：采芽，或用碎萼，以活水③火煎之，饭后必少顷乃服。东坡诗云"活水须将活火烹"，又云"饭后茶瓯未要深"，此煎法也。陆羽④《经》亦以"江水为上，山与井俱次之"。今世不惟不择水，且入盐及茶果，殊失正味。不知惟葱去昏、梅去倦，如不昏不倦，亦何必用？古之嗜茶者，无如玉川子⑤，惟闻煎吃。如以汤点，则安能及也七碗乎？山谷词⑥云："汤响松风，早减了、七分酒病。"倘知此，则口不能言，心下快活，自省知禅参透。

注释：

①世之利者：世上那些追求利益的人。

②怠：懈怠。

③活水：有源头、常流动的水。

④陆羽：复州竟陵（今湖北省天门市）人，一名疾，字季疵，又字鸿渐，号竟陵子、桑苎翁、东冈子，又号茶山御史。精于茶道，撰有世界上第一部关于茶的专著《茶经》，被誉为"茶圣"。

⑤玉川子：即卢仝，唐代诗人，范阳（今河北省涿州市）人。早年隐居少室山，自号玉川子，是韩孟诗派重要人物之一。作有《走笔谢孟谏议寄新茶》一诗，也被称作"饮茶歌"或"七碗茶诗"。

⑥山谷词：见黄庭坚《品令·茶词》。

新丰酒法

初用面一斗、糖醋三升、水二担，煎浆。及沸，投以麻油、川椒、葱白，候熟，浸米一石。越三日，蒸饭熟，及以元浆煎强半，及沸，去沫。又投以川椒及油，候熟注缸面。入斗许饭及面末十斤、酵半升。既晓，以元饭贮别缸，却以元酵饭同下，入水二担、曲二斤，熟踏覆之。既晓，搅以木摆，越三日止，四五日可熟。其初余浆，又加以水浸米，每值酒熟，则取酵以相接续，不必灰①其曲，只磨麦和皮，用清水搜作饼，令坚如石。初无他药②，仆尝从危巽斋子骖之新丰，故知其详③。危居此时，尝禁窃酵，以专所酿；戒怀生粒④，以金⑤所酿，且给新屦⑥，以洁所酿。酵诱客舟，以通所酿。故所酿日佳而利不亏，是以知酒政⑦之微，危亦究心⑧矣。昔人《丹阳道中》诗云："乍造新丰酒，犹闻旧酒香。抱琴沽一醉，尽日卧斜阳。"正其地也，沛中自有旧丰，马周⑨独酌之地，乃长安效新丰也。

注释：

①灰：碎裂，捣碎。

②药：酒曲。

③故知其详："故"前原文有"之"字，疑衍。

④生粒：生的米粒。

⑤金：贵重，难得，此处指所酿制酒品质优秀。

⑥屦（jù）：古代用麻、葛制成的一种鞋。

⑦酒政：有关酒的酿造、买卖等方方面面的事宜。

⑧究心：专心研究，推究。

⑨马周：字宾王，唐初人。少孤贫，勤读博学，精《诗》《书》，善《春秋》。后到长安，深得太宗赏识，后累官至中书令。《新唐书·马周传》记载马周曾客宿新丰，虽备受冷遇，却悠然独坐饮酒一斗八升，众人皆惊。后也用"新丰独酌"形容人物未发迹时，不受赏识却豪气干云。